# 特高压电力互感器
## 现场误差测量

主　编：杨　剑
副主编：孙　军　刘少波

中国电力出版社
CHINA ELECTRIC POWER PRESS

## 内 容 提 要

本书主要围绕特高压电力互感器现场误差测量展开，共分为五章，包括绪论、交流特高压电压互感器现场误差测量、交流特高压电流互感器现场误差测量、直流特高压电压互感器现场误差测量、直流特高压电流互感器现场误差测量。

本书将特高压互感器基本原理、现场误差测量设备及测量方法系统地讲述出来，专业性、指导性和可操作性强，可供特高压互感器现场校准人员使用。

**图书在版编目（CIP）数据**

特高压电力互感器现场误差测量 / 杨剑主编 . —北京：中国电力出版社，2020.8
ISBN 978-7-5198-4591-9

Ⅰ . ①特… Ⅱ . ①杨… Ⅲ . ①特高压输电—互感器—误差—检测 Ⅳ . ① TM45

中国版本图书馆 CIP 数据核字（2020）第 065631 号

出版发行：中国电力出版社
地　　址：北京市东城区北京站西街 19 号（邮政编码 100005）
网　　址：http://www.cepp.sgcc.com.cn
责任编辑：肖　敏（010-63412363）　代　旭
责任校对：黄　蓓　李　楠
装帧设计：郝晓燕
责任印制：石　雷

印　　刷：三河市万龙印装有限公司
版　　次：2020 年 8 月第一版
印　　次：2020 年 8 月北京第一次印刷
开　　本：710 毫米 ×1000 毫米　16 开本
印　　张：9.25
字　　数：175 千字
印　　数：0001—2000 册
定　　价：40.00 元

# 编委会

主　编：杨　剑

副主编：孙　军　刘少波

参　编：陈　琳　　陈江洪　　崔广泉　　董永乐　　杜　艳

　　　　冯桂玲　　郭　亮　　郭腾炫　　胡利峰　　贾芳艳

　　　　荆　臻　　李　宁　　李贵民　　刘　涛　　任　民

　　　　宋晓林　　谭业奎　　唐登平　　王国庆　　魏春明

　　　　吴志武　　徐占河　　徐敏锐　　徐新光　　许灵洁

　　　　阎　超　　杨茂涛　　于　旭　　张淞珲　　赵玉富

　　　　赵　园

# 前　言

我国能源资源中心集中在西、北部，负荷中心集中在东、南部，逆向分布特点显著。特高压电网具有输送距离远、容量大、效率高等优点，助力我国建设资源节约、环境友好型社会。截至 2018 年，我国特高压建成"八交十直"、核准在建"四交两直"工程，建成和核准在建特高压工程线路长度达 3.35 万 km、变电（换流）容量超过 3.4 亿 kVA，在保障电力供应、促进清洁能源发展、改善环境、提升电网安全水平等方面发挥了重要作用。

特高压电力互感器是特高压电网电能计量的核心设备，特高压电力互感器准确性关系到特高压电网的安全、稳定、可靠、经济运行，对特高压电力互感器的现场误差测量是保障特高压电力互感器准确性的重要手段。

本书共分为五章，包括绪论、交流特高压电压互感器现场误差测量、交流特高压电流互感器现场误差测量、直流特高压电压互感器现场误差测量、直流特高压电流互感器现场误差测量。针对当前交流、直流特高压电网中特高压电力互感器的基本原理、结构、误差基本知识和误差测量系统等进行了全面的阐述，并结合特高压变电（换流）站的实际工况，全面系统地讲述了特高压互感器现场误差测量的试验技术方案，对现场误差测量过程中的常见问题进行了分析阐述。本书可供特高压互感器现场校准人员使用。

在本书的撰写过程中得到了国网山东省电力公司营销服务中心、中国电力科学研究院有限公司以及武汉磐电科技股份有限公司等单位专家们的大力支持和协助，他们提供了相关素材资料，并提出了宝贵的建议和意见，在此表示衷心的感谢！

限于编者水平，难免存有不妥之处，敬请广大读者批评指正。

编　者
2020 年 7 月

# 目　录

# 绪　论

## 一、特高压电力互感器的定义

互感器（instrument transformer）旨在向测量仪器、仪表和保护或控制装置或者类似电器传送信息信号的变压器。

特高压电网是指 1000kV 及以上交流电网或 ±800kV 及以上直流电网。输电电压一般分高压、超高压和特高压。国际上，高压（HV）通常指 35～220kV 的电压；超高压（EHV）通常指 330kV 及以上、1000kV 以下的电压；特高压（UHV）通常指 1000kV 及以上的电压。高压直流（HVDC）通常指的是 ±600kV 及以下的直流输电电压，±800kV 及以上的电压称为特高压直流输电（UHVDC）。

特高压电力互感器是特高压电网的重要设备，它是将特高压电网中高电压、大电流的信息传递给低电压、小电流的二次侧电能计量装置、测量仪表及继电保护、自动装置的电力互感器，是特高压电网一次系统和二次系统的联络元件，形象地说特高压电力互感器是特高压电网的"眼睛"。

## 二、特高压电力互感器的作用

特高压电力互感器的主要作用如下：

（1）将一次系统的电压、电流信号准确地传递到二次侧相关设备；

（2）将一次系统的高电压、大电流变换为二次侧的低电压（标准值 100V、$100/\sqrt{3}$ V）、小电流（标准值 5A、1A），使得测量、计量仪表和继电器等装置可实现标准化、小型化，并降低了对二次设备的绝缘要求；

（3）将二次侧设备以及二次系统与一次系统高压设备在电气方面很好地隔离，从而保证了二次设备和人身的安全。

特高压电力互感器与计量装置以及测量仪表配合，可以实现对一次系统的电能计量、电压测量和电流测量；与继电保护装置以及自动装置配合，可以构成对特高压输电网各种故障的电气保护和自动化控制。特高压电力互感器性能的好坏，直接影响到电力系统计量与测量的准确性以及电力系统继电保护装置动作的可靠性。特高压电力互感器的运行状况与电力系统的安全性、稳定性、准确性息息相关，也是能否实现特高压电网稳定、经济运行的关键因素。

### 三、特高压电力互感器的分类

交流特高压输电工程中使用的电力互感器按照结构类型分类，电压互感器可分为柱式结构电容式电压互感器（柱式 CVT）、罐式电磁式电压互感器（罐式 TV）、电子式电压互感器（EVT）及一种新型罐式电容式电压互感器（罐式 CVT）四类。电流互感器可分为独立结构的电流互感器（独立 TA）、GIS 套装式结构电磁式电流互感器（罐式 TA）和电子式电流互感器（ECT）。

直流特高压输电工程中采用的互感器按照工作原理分类，电流互感器可分为零磁通型直流互感器、有源光电型直流电流互感器和无源光电型直流电流互感器三类。电压互感器为分压器型直流电压互感器。

### 四、特高压电力互感器的应用

苏联、日本及中国等国家对特高压互感器进行了深入研究，并将研制设备应用于特高压工程。20 世纪 80 年代，苏联建设的 1150kV 变电站是敞开式结构，使用的电压互感器类型为柱式 CVT；日本新榛名特高压变电站采用的是 GIS 结构，电压互感器选择的是 EVT。我国特高压交流试验示范工程以及扩建工程变电站采用敞开式（AIS）或 GIS 站（HGIS）结构，采用的电压互感器为柱式 CVT 结构。为满足皖电东送工程 GIS 站需要，我国研制了 1000kV 罐式 TV 和 1000kV 罐式 CVT，1000kV 罐式 TV 已在试验示范工程扩建工程中挂网运行，1000kV 罐式 CVT 也已在皖电东送工程中挂网运行。

苏联建设的 1150kV 变电站，使用的电流互感器为独立结构电流互感器，用三级串联方式解决绝缘问题，这种结构电流互感器的暂态特性不好，用于暂态特性的电流互感器线圈经过三级串联，增大了二次回路时间常数。对于系统时间常数较大的特高压电网，三级串联结构暂态电流互感器线圈误差特性不如单级式的误差特性好，如果用于系统对地短路差动保护，动作整定时间要延长，否则可能发生误动作。日本新榛名特高压变电站电流互感器采用 GIS 套装式结构电磁式电流互感器，电流互感器套装在断路器端部的罐体上，一种是 0.2 级的铁芯线圈，用于电能计量和测量；另一种是空芯线圈，主要考核暂态误差，计划用于系统保护，但该站没有运行。我国 1000kV 交流特高压试验工程没有选择类似苏联的独立结构电流互感器，而是采用 GIS 套装结构，分为内置式和外置式两种结构。内置式罐式 TA 的单个绕组在绕制完成后通常用环氧树脂进行整体浇注，可防止绕组中残留的水分和杂质进入气室而影响绝缘性能。内置式的罐式 TA，放置在金属壳体内，安装并固定在内屏蔽筒上。外置式罐式 TA 的绕组处于 GIS/HGIS 壳体外部，与内置式罐式 TA 相比，外置式罐式 TA 的绕组与空气直接接触，绕制后外表面需要进行防腐防潮处理，而不必整体浇注，另外，外置式罐式 TA 不必设计专用的内屏蔽筒，也不需要为 TA 的绝缘做特殊设计，与母线结构保持一致可满足要求。

# 第一章 交流特高压电压互感器现场误差测量

## 第一节 交流特高压电压互感器误差基本知识

特高压电压互感器一般分为特高压电容式电压互感器（简称特高压 CVT）和罐式电磁式电压互感器（简称特高压罐式 TV）。

### 一、特高压 CVT 误差基本知识

#### （一）特高压 CVT 的原理

随着电力系统输电电压的不断增高，电磁式电压互感器的体积也随之增大，而且成本随之不断增加，为了节约成本，降低对绝缘的要求，因此研制出电容式电压互感器（CVT）。电容式电压互感器作为一种常用的电压变换装置使用在电力系统中，其主要作用是对电测量仪表及继电保护装置的电压信号进行取样。它接于高压与地之间，把系统电压转换为二次电压。电容式电压互感器由一台电容分压器和一台电磁单元构成。

CVT 采用电容分压原理，如图 1－1 所示，$\dot{U}_1$ 为电网电压，$\dot{U}_2$ 为二次电压，$C_1$ 为 CVT 上桥臂电容量，$C_2$ 为 CVT 下桥臂电容量；$Z_2$ 表示仪表、继电器等电压线圈负荷。$\dot{U}_2 = \dot{U}_{C_2}$，因此

$$\dot{U}_2 = \dot{U}_{C_2} = \frac{\dot{U}_1 \, C_1}{C_1 + C_2} = K_u \, \dot{U}_1 \qquad (1-1)$$

$$K_u = \frac{C_1}{C_1 + C_2} \qquad (1-2)$$

式中　$K_u$——分压比。

$\dot{U}_2$ 与一次电压 $\dot{U}_1$ 成比例变化，所以可以通过 $\dot{U}_2$ 折算出 $\dot{U}_1$，即可测出相对地电压。为了分析 CVT 带上负荷 $Z_2$ 后的误差，可利用等效电路原理，将图 1－1 变化为图 1－2 所示的 CVT 等值电路。

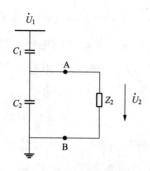

图 1 - 1　电容分压原理图

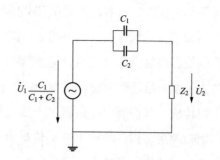

图 1 - 2　CVT 等值电路

从图 1 - 1 可看出，内阻抗

$$Z = \frac{1}{j\omega(C_1 + C_2)} \tag{1 - 3}$$

当有负荷电流流过时，在内阻抗上将会产生电压降，从而使 $U_2$ 与 $U_1 C_1/(C_1 + C_2)$ 不仅会在数值上而且在相位上也会有误差，而且随着负荷增大，误差也会增大。为了得到一定的准确级，就必须使用大容量的电容，但是这会增加成本，因此在电路中串联一个电感是较好的解决方法。电感 $L$ 应按产生串联谐振的条件选择，即

$$2\pi fL = \frac{1}{2\pi f(C_1 + C_2)} \tag{1 - 4}$$

所以

$$L = \frac{1}{4\pi^2 f^2(C_1 + C_2)} \tag{1 - 5}$$

理想情况下

$$Z'_2 = j\omega L - \frac{j}{\omega(C_1 + C_2)} = 0 \tag{1 - 6}$$

输出电压 $U_2$ 与负荷无关，误差最小，但实际上 $Z'_2 = 0$ 是不可能的，因为电容器存在损耗，而且电感线圈也存在电阻，$Z'_2 \neq 0$，负荷增大，误差也会随之增加，而且将会引发谐振现象，谐振过电压有着极其严重的危害，应当尽量避免。为了使负荷电流所产生误差造成的影响进一步减小，应当将测量仪表通过中间电磁式电压互感器升压后与分压器相连。

特高压 CVT 的基本参数：额定一次电压：$1000/\sqrt{3}$ kV。额定变比：$(1000/\sqrt{3})$ / $(0.1/\sqrt{3})$ 或 $(1000/\sqrt{3})$ /0.1。准确度等级：0.2、0.5（3P）、0.5（3P）、3P。额定二次负荷：10VA 或者 15VA，$\cos\varphi = 1$。额定电容量：5000pF。

（二）特高压 CVT 的结构

特高压 CVT 由电容分压器和电磁单元两部分组成。电容分压器由膨胀器、瓷套、

电容单元等部分构成，有着载波通信和分压的作用；电磁单元由中间变压器、补偿电抗器、阻尼器和油箱等部分组成；中间变压器结构与单级式油浸绝缘电压互感器的器身相同；补偿电抗器由绕组和开口铁芯及其夹件等部分组成，起补偿电容分压器容抗的作用，为防止补偿电抗器受到过电压作用，因此为其配置了限压器；阻尼器由速饱和电抗器串接电阻构成，起抑制内部谐振过电压的作用；中间变压器通过底板固定在油箱内，油箱采用钢板焊接结构，油箱上有油位指示器、吊攀、铭牌、二次接线板及放油阀等，放油阀采用针式结构，可实现全密封取油；油箱下部的安装孔保证了整机同基础部件的可靠相连。特高压 CVT 电气原理图如图 1-3 所示。

目前，我国特高压 CVT 的生产厂家主要有桂林电力电容器有限责任公司、西安西电电力电容器有限责任公司、日新（无锡）电机有限公司、江苏思源赫兹有限公司。特高压 CVT 的电容分压器高压臂一般由 3~5 节电容串联构成，其中桂林电力电容器有限公司采用 5 节电容串联结构，西安西电电力电容器有限责任公司采用 4 节电容串联的结构，日新（无锡）电机有限公司的有 5 节和 4 节电容串联的两种结构，如图 1-4 所示。

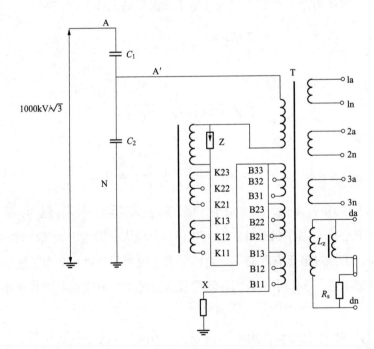

**图 1-3　特高压 CVT 电气原理图**

$C_1$—高压电容；$C_2$—低压电容；T—中压变压器；$L_Z$—速饱和电抗器；$R_s$—阻尼电阻；1a-1n—主二次 1 号绕组；2a-2n—主二次 2 号绕组；3a-3n—主二次 3 号绕组；da-dn—剩余二次绕组

**图 1 - 4　特高压 CVT 外形图**

（三）特高压 CVT 的误差构成和计算

在额定一次电压和额定二次负荷一定时，影响 CVT 误差的因素主要有频率、温度、绕组等的阻抗、分压器额定电容、额定中间电压、分压比和铁芯励磁容量等。CVT 的等效电路与电磁式电压互感器相似，只是在后者一次电路中增加串联的等效电容和补偿电抗器电感，如图 1 - 5 所示（折算到一次侧，不包括阻尼器）。

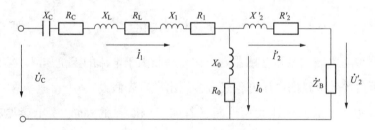

**图 1 - 5　CVT 等效电路图**

图 1 - 5 中：$X_C$、$R_C$ 为等效容抗、电阻，$X_L$、$R_L$ 为电抗器感抗、电阻，$X_0$、$R_0$ 为中间变压器励磁感抗、电阻，$X_1$、$R_1$、$X'_2$、$R'_2$ 为一次绕组和二次绕组的漏抗、电阻，$\dot{Z}'_B$ 为负荷阻抗，$\dot{U}_C$ 为中间电压，$\dot{U}'_2$ 为二次电压，$\dot{I}_1$ 为一次电流，$\dot{I}_0$ 为励磁电流，$\dot{I}'_2$ 为二次电流。

$$\dot{I}_1 = \dot{I}_0 + \dot{I}_2{}'$$

$$\dot{U}_C = \dot{I}_0(R_{10} + jX_{10}) + \dot{I}_2{}'(R_{12} + jX_{12}) + \dot{U}_2{}' \qquad (1-7)$$

其中
$$R_{10} = R_L + R_C + R_1$$

$$R_C = X_C \tan\delta_C$$

$$X_{10} = X_L - X_C + X_1$$

$$R_{12} = R_{10} + R'_2$$

$$X_{12} = X_{10} + X'_2$$

式中　$\delta_C$——电容分压器损耗角。

相应的相量图如图 1-6 所示。图中的 $-\dot{E}'_2$ 为二次感应电势

$$-\dot{E}'_2 = \dot{U}'_2 + \dot{I}'_2 R'_2 + j\dot{I}'_2 X'_2$$

$\dot{\Phi}_0$ 为铁芯主磁通，滞后二次感应电势 $\pi/2$。$\varphi_2$ 为负荷阻抗角，$\theta_0$ 为励磁损耗角。

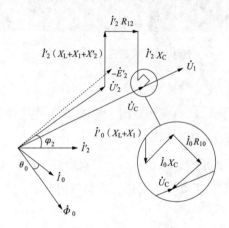

图 1-6　CVT 相量图

CVT 的误差与电磁式电压互感器的一样，是归因于电流的阻抗压降。双绕组互感器的误差公式可由等效电路的电压方程式直接导出，首先假设：

（1）中间电压与一次电压无相位差（忽略 $C_1$ 和 $C_2$ 的 $\tan\delta_C$ 及电容温度系数的差异）。

（2）铁芯主磁通与中间电压成正比（忽略一次阻抗压降的影响）。

依据电压互感器误差定义，误差的实部为比值差，虚部为相位差

$$\dot{\varepsilon}_U = \frac{K_N \dot{U}_2 - \dot{U}_1}{\dot{U}_1} = \frac{K_{MN} K_{CN} \dot{U}_2 - \dot{U}_1}{\dot{U}_1} = \frac{K_{MN} \dot{U}_2 - \dot{U}_1/K_{CN}}{\dot{U}_1/K_{CN}} = \frac{\dot{U}'_2 - \dot{U}_C}{\dot{U}_C} \quad (1-8)$$

式中　$K_N$——CVT 的额定电压比，$K_N = U_{1N}/U_{2N} = K_{MN} K_{CN}$；

　　　$K_{MN}$——中间变压器的额定电压比，$K_{MN} = U_{CN}/U_{2N}$，$U_{CN}$ 为额定中间电压；

　　　$K_{CN}$——电容分压器的额定分压比，$K_{CN} = U_{1N}/U_{CN}$。

以式（1-7）代入式（1-8）的分子，得

$$\dot{\varepsilon}_{U} = -\frac{\dot{I}_0(R_{10}+jX_{10})-\dot{I}'_2(R_{12}+jX_{12})}{\dot{U}_C} = -\frac{\dot{I}_0(R_{10}+jX_{10})}{\dot{U}_C} - \frac{\dot{I}'_2(R_{12}+jX_{12})}{\dot{U}_C}$$

$$(1-9)$$

其中第一项构成空载误差 $\dot{\varepsilon}_{U0}$，第二项构成负荷误差 $\dot{\varepsilon}_{UB}$。

对于空载误差，按前述第二个假设，铁芯主磁通 $\Phi_0$ 由中间电压 $\dot{U}_C$ 激励，故 $\dot{I}_0$ 的有功分量 $I_{OP}$ 与 $\dot{U}_C$ 同相，$\dot{I}_0$ 的无功分量 $I_{OQ}$ 与 $\dot{U}_C$ 滞后 $\pi/2$，所以

$$\dot{\varepsilon}_{U0} = -\frac{\dot{I}_0(R_{10}+jX_{10})}{\dot{U}_C} = -\frac{(I_{OP}-jI_{OQ})(R_{10}+jX_{10})}{U_{CN}K}$$

$$= -\frac{I_{OP}R_{10}+I_{OQ}X_{10}}{U_{CN}K} + j\frac{I_{OQ}R_{10}-I_{OP}X_{10}}{U_{CN}K}$$

其中：$K$ 为电压标幺值，实际电压与额定电压之比（$U_C/U_{CN}$ 或 $U_1/U_{1N}$）。

因而，空载误差［比值差 $\varepsilon_{U0}$ 单位（%），相位差 $\delta_{U0}$ 单位（′）］为

$$\varepsilon_{U0} = -\frac{I_{OP}R_{10}+I_{OQ}X_{10}}{U_{CN}K}\times100 = -\frac{P_0R_{10}+Q_0X_{10}}{(U_{CN}K)^2}\times100 \quad (1-10)$$

$$\delta_{U0} = \frac{I_{OQ}R_{10}-I_{OP}X_{10}}{U_{CN}K}\times3440 = \frac{Q_0R_{10}-P_0X_{10}}{(U_{CN}K)^2}\times3440 \quad (1-11)$$

式中　$P_0$——中间变压器铁芯励磁容量的有功分量；

$Q_0$——中间变压器铁芯励磁容量的无功分量。

$P_0$（或 $I_{OP}$）和 $Q_0$（或 $I_{OQ}$）是实际磁通（即实际电压）的非线性函数，所以空载误差与电压的变化有关，与二次负荷无关。

对于负荷误差，在 $\dot{U}'_2$ 与 $\dot{U}_2$ 的相位差实际上很小的条件下，近似取 $\dot{U}'_2$ 与 $\dot{I}'_2$ 的相位角 $\varphi_2$ 为 $\dot{U}_C$ 与 $\dot{I}'_2$ 的相位角，所以

$$\dot{\varepsilon}_{UB} = -\frac{\dot{I}'_2(R_{12}+jX_{12})}{\dot{U}_C} = -\frac{\dot{I}'_2(\cos\varphi_2-j\sin\varphi_2)(R_{12}+jX_{12})}{U_{CN}K}\times\frac{U_{CN}}{U_{CN}}$$

$$= -\frac{S_{2N}(\cos\varphi_2-j\sin\varphi_2)(R_{12}+jX_{12})}{U_{CN}^2} = -(\cos\varphi_2-j\sin\varphi_2)\left(\frac{S_{2N}R_{12}}{U_{CN}^2}+j\frac{S_{2N}X_{12}}{U_{CN}^2}\right)$$

$$= -(\cos\varphi_2-j\sin\varphi_2)(U_{R12}+jU_{X12})$$

$$= -(U_{R12}\cos\varphi_2+U_{X12})+j(U_{R12}\sin\varphi_2-U_{X12}\cos\varphi_2) \quad (1-12)$$

$$U_{R12} = S_{2N}R_{12}/U_{2N}^2 \quad (1-13)$$

$$U_{X12} = S_{2N}X_{12}/U_{2N}^2 \quad (1-14)$$

$$S_{2N} = U_{CN}I'_{2N} = U_{CN}I'_2/K$$

式中　$\varphi_2$ ——额定负荷的阻抗角；

　　$U_{R12}$ —— $R_{12}$ 电阻电压（额定负荷电流下的电压降与额定电压之比）；

　　$U_{X12}$ —— $X_{12}$ 电抗电压（额定负荷电流下的电压降与额定电压之比）。

因而，负荷误差［比值差 $\varepsilon_{UB}$ 单位（%），相位差 $\delta_{UB}$ 单位（′）］为

$$\varepsilon_{UB} = -(U_{R12}\cos\varphi_2 + U_{X12}\sin\varphi_2) \tag{1-15}$$

$$\delta_{UB} = (U_{R12}\sin\varphi_2 - U_{X12}\cos\varphi_2) \times 34.4 \tag{1-16}$$

式（1-15）和式（1-16）的阻抗电压 $U_{R12}$ 和 $U_{X12}$ 皆用百分数表示。这些阻抗电压是按额定负荷计算的，只得到与额定负荷对应的误差，如负荷与额定值不同时，误差值应乘以实际负荷值与额定负荷值之比。

（四）特高压 CVT 误差影响因素

1. 温度

电容分压器温度系数是 CVT 误差影响因素中的首要因素，温度越低其影响越大。温度改变使得电容器的绝缘介质薄膜和电容器纸收缩或膨胀，从而改变电容量。温度系数反映电容分压器在标称下限工作温度到高出标称上限工作温度 15℃的范围内，产品电容量随温度变化的规律，其值为 $\left(\sum\limits_{i=1}^{i=k}\dfrac{C_i - C_{20}}{\Delta t C_{20}}\right)/k$。其中，$C_i$ 为电容器在各测量点的电容量；$C_{20}$ 为电容器在 20℃下的电容量；$\Delta t$ 为测量点温度与 20℃的差值；$k$ 为温度变化区间的测量次数。

变压器原边信号 $U_2 = \dfrac{C_1 U_1}{C_1 + C_2}$，当 $C_1$ 或 $C_2$ 任一个温度系数过大时，电容分压比发生变化，此时变压器原边电压改变，互感器误差增大。

电容温度系数使电容分压器的等效电容随温度发生变化，以致偏离谐振状态，剩余电抗 $\Delta X_T$ 为

$$\Delta X_T = \omega_N L - \frac{1}{\omega_N(C_1 + C_2)(1 + \alpha_C\Delta T)} = \frac{1}{\omega_N(C_1 + C_2)}\left(\frac{\alpha_C\Delta T}{1 + \alpha_C\Delta T}\right) = \frac{\alpha_C\Delta T}{\omega_N(C_1 + C_2)}$$

$$\tag{1-17}$$

式中　$\alpha_C$ ——电容分压器的电容温度系数，$K^{-1}$；

　　$\Delta T$ ——温度的变化量，K。

相似于式（1-16）和式（1-16），附加负荷误差［比值差 $\Delta\varepsilon_{UT}$(%)，相位差 $\Delta\delta_{UT}$(′)］为

$$\Delta\varepsilon_{UT} = -\Delta X_\sigma \frac{100Q_2}{U_{CN}^2} \times 100 = -\frac{100Q_2\alpha_C\Delta T}{\omega_N(C_1 + C_2)U_{CN}^2} \tag{1-18}$$

$$\Delta\delta_{UT} = -34.4\Delta X_\sigma \frac{100P_2}{U_{CN}^2} \times 100 = -34.4\frac{100P_2\alpha_C\Delta T}{\omega_N(C_1 + C_2)U_{CN}^2} \tag{1-19}$$

以某温度为基准（通常取设计时预定满足额定频率谐振条件的电容器温度，如20℃），由于常用的膜纸复合介质电容器的 $\alpha_C$ 一般为负值，温度低于基准时，$\Delta T$ 为负值，电容量增大容抗减小，$\Delta X_T$ 呈感性，附加误差为负值，反之 $\Delta X_T$ 呈容性，附加误差为正值。由误差计算公式可见，绕组等的电阻和电抗的减小能降低比值差，电阻和电抗的综合作用能改善相位差，原理与电磁式电压互感器相同。

2. 频率

频率是影响 CVT 误差的第二大因素。CVT 原边电压为低压电容器分压，而电容器电容量跟随电网频率变化。电容量改变后，即使分压比变化很小，一次回路的等值容抗仍发生变化，串联谐振回路被破坏，误差增大。

在额定频率 $f_N$（角频率 $\omega_N$）下，CVT 的等效电容（$C_1 + C_2$）与补偿电抗器电感 $L$ 谐振

$$\omega_N L - \frac{1}{\omega_N(C_1 + C_2)} = 0 \tag{1-20}$$

额定频率下容抗与感抗相等。若实际频率 $f$ 与额定频率不等，偏离谐振状态，容抗与感抗之差的剩余电抗为

$$\Delta X_\omega = (\omega L - \omega_N L) - \left[\frac{1}{\omega(C_1+C_2)} - \frac{1}{\omega_N(C_1+C_2)}\right] = \left(\frac{\omega}{\omega_N} - \frac{\omega_N}{\omega}\right)\frac{1}{\omega_N(C_1+C_2)} \tag{1-21}$$

实际上，频率变化也改变中间变压器绕组的漏抗值，对 $\Delta X_\omega$ 也有影响，但因额定频率下漏抗值远小于补偿电抗器感抗值，它们随频率变化的增值可以忽略。

$\Delta X_\omega$ 对负荷误差的影响，作用在式（1-15）和式（1-16）括号中的第二项，故附加负荷误差为

$$\Delta\varepsilon_{U\omega} = -\Delta X_\omega \frac{S_{2N}\sin\varphi_2 + \cdots + S_{2N}\sin\varphi_{2n}}{U_{CN}^2} \times 100 = -\Delta X_\omega \frac{100Q_2}{U_{CN}^2} = \left(\frac{\omega_N}{\omega} - \frac{\omega}{\omega_N}\right)\frac{100Q_2}{\omega_N(C_1+C_2)U_{CN}^2} \tag{1-22}$$

式中　$\Delta\varepsilon_{U\omega}$——比值差(%)；

　　　$Q_2$——二次负荷无功分量，VA。

$$\Delta\delta_{U\omega} = -34.4\Delta X_\omega \frac{S_{2N}\cos\varphi_2 + \cdots + S_{2N}\cos\varphi_{2n}}{U_{CN}^2} \times 100 = -34.4\Delta X_\omega \frac{100P_2}{U_{CN}^2} \tag{1-23}$$

$$= 34.4\left(\frac{\omega_N}{\omega} - \frac{\omega}{\omega_N}\right)\frac{100P_2}{\omega_N(C_1+C_2)U_{CN}^2}$$

式中　$\Delta\delta_{U\omega}$——相位差(′)；

　　　$P_2$——二次负荷有功分量，W。

另外，由于参考频率范围规定的频率变化率不超过 5%，可有如下关系

$$\left(\frac{\omega_N}{\omega} - \frac{\omega}{\omega_N}\right) = \frac{(\omega_N + \omega)(\omega_N - \omega)}{\omega\omega_N} = \frac{\omega_N + \omega}{\omega}\frac{\Delta\omega}{\omega_N} \approx 2\frac{\Delta f}{f_N} \qquad (1-24)$$

即频率影响的附加负荷误差基本上正比于 2 倍的频率增量相对值。

显然，频率增大时 $\Delta X_\omega$ 呈感性，附加误差为负值，反之 $\Delta X_\omega$ 呈容性，附加误差为正值，所以附加负荷误差的正负号与频率增量的正负号相反。

频率变化使得中间变压器铁芯磁通发生改变，进而改变空载电流，但空载电流一般远小于负荷电流，故频率变化导致的空载误差一般忽略不计。

3. 高度

一般 CVT 放置在地面进行出厂准确度试验，而特高压 CVT 一般放置在 5～6 m 柱子上进行现场准确度试验。高度变化影响 CVT 准确度的原理图如图 1-7 所示。

高度升高后，对地杂散电容变小，杂散电流减小，上部的单元电容器流过的杂散电流减小，承受电压降低，$C_2$ 电压升高，准确度正偏；电容器叠柱高度越高及电压越高，底座升高时，$C_1$ 部分的对地杂散电流变化越大，影响程度越大；耦合电容越大，对地杂散电容所占比例越小，影响程度越小。

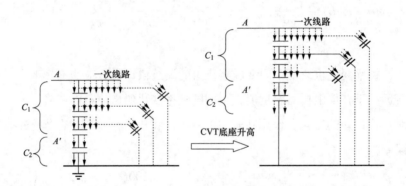

**图 1-7　CVT 底座高度的影响**

A—上部电容与地高度；A′—下部电容与地高度

为了减小高度对特高压 CVT 的误差影响，一般特高压 CVT 高度选择较高且高度固定。

4. 高压引线的角度（指高压引线与电容分压器叠柱的夹角）

出厂试验时高压引线角度基本保证大于 90°，现场试验时，如果有避雷器或隔离开关的连接线，可以达到 90°。高压引线角度影响 CVT 准确度原理分析如下：

高压引线与电容器叠柱的夹角变小，引线对叠柱的杂散电容将变大，引线对叠柱的杂散电流也增大，$C_2$ 流过的杂散电流增大，承受电压增高，因此 $C_2$ 电压升高，准确度

正偏；电容器叠柱的高度越高及电压越高，高压引线角度引起引线对叠柱的杂散电流变化越大，影响程度越大；高压引线与电容器叠柱的夹角越小，引线对叠柱的杂散电容影响程度越大；耦合电容越大，杂散电容所在比例越小，影响程度越小。

5. 电阻

CVT 总电阻由电容分压器等效电阻 $R_C$、补偿电抗器电阻 $R_L$、中间变压器一次绕组电阻 $R_1$ 和二次绕组电阻 $R_2$ 组成。

等效电阻 $R_C$ 由等效电容（$C_1 + C_2$）和电容的 $\tan\delta_C$ 确定，单位 $\Omega$

$$R_C = X_C \tan\delta_C = \frac{K_{CN} - 1}{\omega_N C_N K_{CN}^2} \tan\delta_C \tag{1-25}$$

式中

$$X_C = \frac{1}{\omega_N(C_1 + C_2)} = \frac{1}{\omega_N[C_N K_{CN}/(K_{CN} - 1) + C_N K_{CN}]} = \frac{K_{CN} - 1}{\omega_N C_N K_{CN}^2} \tag{1-26}$$

其中（按 $C_N$ 和 $K_{CN}$ 的定义）

$$C_1 = C_N K_{CN}/(K_{CN} - 1)$$

$$C_2 = C_N K_{CN}$$

可见当 $C_N$、$K_{CN}$ 和 $\tan\delta_C$ 已经确定时，$R_C$ 确定不变。

补偿电抗器电阻 $R_L$ 占总电阻的分量相对不变，减小它通常是调整结构设计或选择适当的大小。由于 $R_C$ 和 $R_L$ 的存在，减小中间变压器的 $R_1$ 和 $R_2$ 很重要，通常需比相应电磁式电压互感器的对应值更小，尤其是 $R_1$。减小的方法主要有：

（1）提高每匝电势。可使绕组的匝数减少而成正比减小绕组电阻，但同时将增大铁芯截面和铁芯重量。

（2）增大绕组导线线径。一次绕组减小电阻，能减小空载误差和负荷误差。二次绕组减小电阻，可明显减小负荷误差。

6. 电抗

CVT 的总电抗由电容分压器等效容抗 $X_C$、补偿电抗器感抗 $X_L$ 和中间变压器绕组漏抗组成。

设计结构确定以后，补偿电抗器感抗 $X_L$ 在误差计算和制造调试中都可适当调节，以改变总电抗来调整误差。

7. 分压器额定电容

额定电容值 $C_N$ 对互感器总误差的影响主要表现在频率和温度的附加误差上。如分压比不变（一定额定一次电压下的中间电压不变），式（1-22）和式（1-23）表明这些误差与等效电容的容抗 $X_C$ 成正比，按式（1-26）$X_C$ 与 $C_N$ 成反比，因此 $C_N$ 增大能减小这些误差。

这些附加误差正比于二次负荷和 $X_C$ 的乘积，因而在保持一定误差要求时，可以利用加大 $C_N$ 来提高二次负荷。

8. 额定中间电压和额定分压比

互感器的误差与额定中间电压 $U_{CN}$ 成反比，提高 $U_{CN}$ 可以减小误差。

（1） $U_{CN}$ 提高 $M$ 倍时，如每匝电势不变，中间变压器绕组增加匝数 $M$ 倍，绕组电阻约增大 $M$ 倍和绕组漏抗约增大 $M^2$ 倍。空载误差因 $\dot{I}_0$ 减小 $M$ 倍而得到改善，负荷误差则因计算用的阻抗电压（ $S_{2N}$ 一定时）与 $U_{CN}^2$ 成反比，仅其中的 $U_{R12}$ 也有所减小。如每匝电势也随 $U_{CN}$ 提高 $M$ 倍，则匝数不变，但铁芯直径增大，绕组电阻和电抗约按 $\sqrt{M}$ 倍增大。

（2）在一定的额定一次电压下，提高 $U_{CN}$ 将减小电容分压器额定分压比 $K_{CN}$ ，即 $U_{CN}$ 与 $K_{CN}$ 成反比。如 $C_N$ 不变，按式（1-26）， $X_C$ 正比于 $(K_{CN}-1)/K_{CN}^2$ ，几乎与 $U_{CN}$ 同步增大（ $K_{CN}$ 绝对值越大相差越小）。由于频率和温度的附加误差正比于 $X_C$ ，反比于 $U_{CN}^2$ ，所以这些附加误差也随 $U_{CN}$ 的提高而减小。

在额定一次电压确定后，可用改变额定中间电压 $U_{CN}$ 改善误差，是电容式互感器的另一个特点，不过 $U_{CN}$ 的提高受互感器技术经济性的制约，有一定的上限值。

电容分压器额定分压比 $K_{CN}$ 是 CVT 第一级降压的额定电压比，实际分压比难免存在偏差，影响比值差，产品设计需提供可调节的比值差补偿量。

（五）特高压 CVT 减小误差的措施

1. 匝数补偿

比值差采用匝数补偿，调整中间变压器一次绕组的匝数，原理与电磁式电压互感器相同。若额定一次匝数为 $N_{1N}$ ，实际一次匝数为 $N_1$ ，则比值差补偿值

$$\Delta \alpha_U = \frac{N_{1N} - N_1}{N_{1N}} \times 100\% = \frac{\Delta N}{N_{1N}} \times 100\% \qquad (1-27)$$

减匝数（ $N_1 < N_{1N}$ ）补偿值为正，反之为负。调节匝数的方法是在一次绕组低电位端设置足够的适当抽头，在内部或引出的外部调节板供调试用。

相位差补偿采用调节补偿电抗器的电抗 $X_L$ ，即调整总电抗值，改变电抗器线圈的匝数可以调节电抗。如对应于 $X_L$ 的线圈匝数为 $N_L$ ，增减匝数 $\Delta N_L$ 时，电抗变化量 $\Delta X_L$ 为

$$\Delta X_L = \left( \frac{\pm \Delta N_L}{N_{1L}} \right)^2 X_L \qquad (1-28)$$

方法是在电抗器绕组上设置足够的适当抽头。如电抗器处于高电位，须设置对电抗

器铁芯绝缘强度足够的单独调节线圈，串联在中间变压器一次电路的近地端，便于作低电位引出。抽头的范围需考虑电容分压器的电容量偏差。

总电抗的改变也影响比值差，需与比值差补偿的调节相结合。

2. 串联补偿电感

补偿电感 $L$ 按产生串联谐振的条件计算。即 $2\pi f L = \dfrac{1}{2\pi f(C_1 + C_2)}$，$f = 50\mathrm{Hz}$。

$$L = \frac{1}{4\pi^2 f^2 (C_1 + C_2)} \qquad (1-29)$$

电容分压器的输出电压与负载电流无关，串联补偿电感以匹配容抗，从而可以减小误差。

3. 降低补偿电感的阻抗

CVT 串接补偿电感虽然可以减小互感器的误差，但由于电容 $C_1$、$C_2$ 和 $L$ 中存在损耗，故电源等值内阻不为零，且电网频率会在 50Hz 左右波动。$L$ 与 $C_1 + C_2$ 不能完全谐振，会形成频率误差。

频率误差的大小决定于频率在 $f + \Delta f$ 时，$C_1 + C_2$ 与 $L$ 形成的阻抗 $\Delta Z$

$$\Delta Z = \mathrm{j}\left[2\pi(f + \Delta f)L - \frac{1}{2\pi(f + \Delta f)(C_1 + C_2)}\right] \qquad (1-30)$$

把（1-29）代入式（1-30），并考虑 $\Delta f << f$，
则

$$\Delta Z = \mathrm{j}\left[\frac{2\pi(f + \Delta f)}{4\pi^2 f^2 (C_1 + C_2)} - \frac{1}{2\pi(f + \Delta f)(C_1 + C_2)}\right]$$

所以

$$\Delta Z = \mathrm{j}\frac{\dfrac{2\Delta f}{f}}{2\pi f(C_1 + C_2)} \qquad (1-31)$$

故减小补偿阻抗 $\Delta Z$，可减少电容分压器的测量误差。

4. 降低流过补偿电感负载电流

在电容分压器的输出端接电压互感器，降压后接表计，使二次侧较大的负载电流经过电压互感器变换后减小，并联电容 $C$，可补偿电压互感器的励磁电流，减少测量误差。电压互感器中设有附加二次线圈，串接电阻 $R$ 防止铁磁谐振过电压。CVT 的原理图如图 1-8 所示。

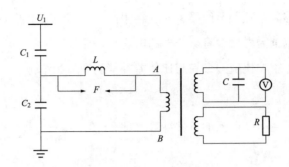

图 1 - 8　CVT 的原理图

5. 改善铁芯材料和制造工艺

中间变压器铁芯的铁芯励磁容量直接影响空载误差，其数值由额定磁密、铁芯材料、铁芯结构和重量来确定。

额定磁密选值需考虑铁磁谐振现象，故额定磁密选值较低，这样有利于减小单位励磁容量，但须增加铁芯重量。材料宜采用高饱和磁密的优质晶粒，多选用冷轧硅钢片。

铁芯常用传统的叠片式矩形结构，其尺寸和重量与每匝电势及绕组设计有关，其性能与铁芯制造工艺有关。如采用卷绕式矩形铁芯，可显著降低励磁容量。

## 二、特高压罐式 TV 误差基本知识

### （一）特高压罐式 TV 的原理

特高压罐式 TV 与开路运行的降压变压器十分相似，一次侧匝数很多，二次侧匝数少。降压变压器将一次系统的大电压转变为二次系统的小电压，二次绕组由于所并接的测量仪表或继电器电压线圈都为高阻抗，二次侧相当于开路，所以二次侧电流不大。

特高压罐式 TV 有以下特点：

（1）小容量降压变压器。一次绕组匝数较多，二次绕组较少。

（2）一次绕组并接于一次系统，二次绕组侧各仪表也为并联。因此电压低，额定电压一般为 100V 或 $100/\sqrt{3}$ V；容量小，只有几十伏安或几百伏安。

（3）二次绕组所接的电压表及电压继电器均为高阻抗，在正常运行时二次绕组会接近于空载状态（开路），而且大多数状况下它的负荷是恒定不变的。电压互感器的一次电压 $U_1$ 与其二次电压 $U_2$ 之间存在下列关系

$$U_1 \approx \frac{N_1}{N_2} U_2 = K_U U_2 \qquad (1 - 32)$$

式中　$N_1$、$N_2$——电压互感器一次和二次绕组匝数；

　　　　$K_U$——电压互感器的变压比，一般表示为其额定一、二次电压比，即

$K_U = U_{1N}/U_{2N}$。

当一次绕组与电压 $\dot{U}_1$ 并联时，在铁芯内会有交变主磁通 $\dot{\Phi}$ 通过，一、二次绕组会分别产生感应电动势 $\dot{E}_1$ 和 $\dot{E}_2$。如果将电压互感器二次绕组的阻抗折算到一次侧后，可以得到如图 1-9 和图 1-10 所示的 T 形等值电路图和相量图。

从等值电路图中得到

$$\dot{U}_1 = \dot{I}_1(R_1 + jX_1) - \dot{E}_1$$

$$\dot{U}'_2 = \dot{E}'_2 - \dot{I}'_2(R'_2 + jX'_2)$$

式中　$R_1$、$X_1$——一次绕组的电阻和阻抗；

　　　$R'_2$、$X'_2$——二次绕组折算到一次侧的电阻和阻抗。

如果将励磁电流和负载电流在一、二次绕组中产生的压降忽略，那么就会得到 $\dot{U}_1 = -\dot{E}_1$，$\dot{U}'_2 = \dot{E}'_2$，则

$$K_U = \frac{U_1}{U_2} = \frac{E_1}{E_2} = \frac{N_1}{N_2} \tag{1-33}$$

这就是理想电压互感器的电压变比，称为额定变比，就是在理想状态下电压互感器一次绕组电压 $U_1$ 与二次绕组电压 $U_2$ 的比值会是个常数，并且与一次绕组和二次绕组的匝数比相等。

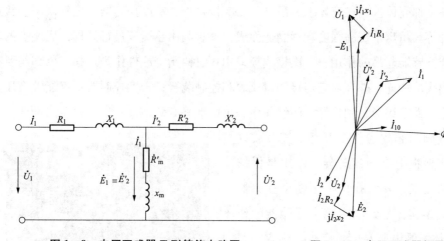

图 1-9　电压互感器 T 形等值电路图　　　　图 1-10　电压互感器相量图

但是实际上，电压互感器是具有铁损和铜损的，而且在绕组中也有阻抗压降。在图 1-10 中可以看出，当二次电压旋转 180° 以后为 $-\dot{U}'_2$，与一次电压 $\dot{U}_1$ 大小不等，且有相位差，也就是说电压互感器存在比差和相角差（简称角差）。

比差用 $f_U$ 表示，它等于

$$f_U = \frac{U'_2 - U_1}{U_1} \times 100\% = \frac{\frac{N_1}{N_2}U_2 - U_1}{U_1} \times 100\% = \frac{K_U - K'_U}{K'_U} \times 100\% \quad (1-34)$$

式中　　$U_1$——实际一次电压有效值；

　　　　$U_2$——实际二次电压有效值；

　　　$K'_U$——实际电压互感器变比，$K'_U = \dfrac{U_1}{U_2}$；

　　　$K_U$——额定电压互感器变比，$K_U = \dfrac{U_{1e}}{U_{2e}} = \dfrac{N_1}{N_2}$。

角差是指一次电压与二次电压旋转 180° 后的相量之间的相位差，用 $\delta_U$ 表示，单位为 "′"（分）。当旋转后的二次电压超前于一次电压相量时，角差为正值；反之，角差为负值。

（二）特高压罐式 TV 结构

特高压罐式 TV 的绝缘介质为 $SF_6$，其结构为单级结构。它由外绝缘、屏蔽罩、一次引线管、器身、壳体及 $SF_6$ 气体等部分构成。器身由一次绕组、二次绕组和绝缘、铁芯及其夹件、屏蔽等部分构成，一、二次绕组均采用聚脂漆包线绕制而成，绝缘材料采用黏结强度高且绝缘性能优异的菱格聚脂薄膜，在一次绕组的最外侧使用较大曲率半径的屏蔽环，接地的铁芯及其夹件均使用屏蔽板加以屏蔽来均匀内部电场，器身使用铁芯夹件固定在下部壳体内，在壳体上有吊攀、二次接线板、密度控制器、充气阀门、接地板、安装孔等。吊攀采用高强度碳钢制造而成，外表利用热镀锌进行处理，底座上的吊攀起到整个互感器起吊的作用；二次接线板采用环氧树脂浇注件作为材料，内部与所有二次绕组出头均相连，外部对应连接测量仪表和控制装置；密度控制器不仅能够有压力指示的作用，而且还能起到报警、闭锁作用，可以准确有效地反映出互感器内部的压力状况；充气阀门起到为整个互感器充、放气的作用；接地板上有固定螺栓，作用是保护整个互感器接地；安装孔保证了整个互感器能够与基础相连，起到固定整个互感器的作用。$SF_6$ 气体绝缘电压互感器有以下优点：互感器呈容性、励磁特性好；局放量低、介质损耗因数小；密封可靠、运行寿命长；微水含量低且长期运行不升高；重心低、运行稳定。特高压罐式 TV 如图 1-11 所示。

图 1-11　特高压罐式 TV

（三）特高压罐式 TV 的误差构成和计算

1. 误差构成

电压互感器的误差由电压误差（比值差）和相位差组成。在数值上的差别称为电压误差，相位上的差异称为相位差。误差表达式为

$$\varepsilon_U = \frac{K_{U_n}U_2 - U_1}{U_1} \times 100\% \qquad (1-35)$$

式中　　$K_{U_n}$——额定电压比；

　　　　$U_1$——实际一次电压；

　　　　$U_2$——施加 $U_1$ 时的实际测量二次电压。

当二次电压相量超前一次电压相量，相位差为正值。它通常用分（'）或者弧度（rad）表示。

2. 互感器误差计算

从计量特性看，特高压罐式 TV 一般为单相双绕组结构（如图 1-12 所示），其相量图绘制如图 1-13 所示。图 1-13 中各辅助线段的关系是：$O$ 点为圆心，$OD$ 为半径，作圆弧交 $OA$ 的延长线于 $C$ 点。再从 $D$ 点作 $AC$ 的垂线，交于 $B$ 点。线段 $FG$ 平行于 $OC$；线段 $AN$ 垂直于 $OC$；线段 $AL$ 平行于 $\dot{I}_o$；线段 $AM$ 平行于 $\dot{\varphi}_m$。

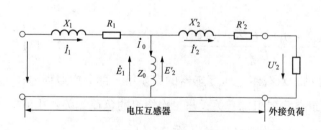

图 1-12　单相双绕组互感器等值电路图

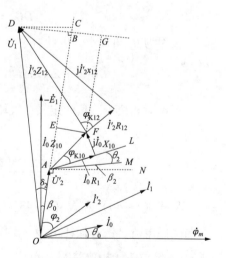

图 1-13　单相双绕组电压互感器
误差相量图

$\theta_0$—铁芯损耗角；$\varphi_2$—二次绕组负荷功率因数角；$\varphi_{K12}$—二次绕组短路阻抗角；$\varphi_{K10}$—一次绕组短路阻抗角；$\beta_2$—二次电压与感应电势之间的相位角；$\delta_2$—二次电压与一次电压之间的相位角

由此可见：线段 $FG$ 与的 $\dot{I}'_2 R_{12}$ 夹角为 $\varphi_2$；线段 $AL$ 与 $AM$ 的夹角为 $\theta_o$；线段 $AN$ 与 $AM$ 的夹角为 $\beta_2$。因为实际的相位差很小，线段 $OC$ 与线段 $OB$ 相差很小可以认为 $OC = OB$。可按误差定义得出二次绕组的电压误差为

$$\varepsilon_{U2} = \frac{U'_2 - U_1}{U_1} \times 100\% = \frac{OA - OC}{OC} \times 100\% = \frac{OA - OB}{OC} \times 100\% = -\frac{AB}{OC} \times 100\%$$

$$(1-36)$$

而由相量图可知 $AB = AE + EB$，$\beta_2$ 角又很小，因此有

$$AE = I_o Z_{10} \cos\left(\frac{\pi}{2} - \varphi_{K10} - \theta_o - \beta_2\right) \approx I_o Z_{10} \cos\left(\frac{\pi}{2} - \varphi_{K10} - \theta_o\right) = I_o Z_{10} \sin(\varphi_{K10} + \theta_o)$$

$$(1-37)$$

$$EB = I'_2 Z_{12} \cos(\varphi_{K12} - \varphi_2) \qquad (1-38)$$

从而得出电压误差公式

$$\varepsilon_{U2} = -\frac{I_o Z_{10} \sin(\varphi_{K10} + \theta_o) + I'_2 Z_{12} \cos(\varphi_{K12} - \varphi_2)}{U_1} \times 100\% \qquad (1-39)$$

现在求相位差。因为相位差 $\delta_{U2}$ 就是图 1−13 中的 $\delta_2$ 角，从图 1−13 中看出

$$\delta_2 \approx \sin\delta_2 = \frac{DB}{OD} = \frac{DG - GB}{OD} \qquad (1-40)$$

$$DG = I'_2 Z_{12} \sin(\varphi_{K12} - \varphi_2) \qquad (1-41)$$

又因为 $\beta_2$ 角很小，因此有

$$GB = I_0 Z_{10} \sin\left(\frac{\pi}{2} - \varphi_{K10} - \theta_0\right) = I_0 Z_{10} \cos(\varphi_{K10} + \theta_0) \qquad (1-42)$$

根据对相位正、负的定义，线段 $DB$ 是使相位差向负方向偏移，因而得出相位差公式为

$$\delta_{U2} = \frac{I_0 Z_{10} \cos(\varphi_{K10} + \theta_0) - I'_2 Z_{12} \sin(\varphi_{K12} - \varphi_2)}{U_1} \qquad (1-43)$$

从式（1−40）和式（1−43）可见，双绕组电压互感器的误差第一部分空载误差，只与励磁电流、铁芯损耗角和一次绕组空载漏阻抗有关，与二次绕组的负荷无关。比值差 $\varepsilon_{U0}$，单位 %，相位差 $\delta_{U0}$，单位（′），分别为式（1−44）和式（1−45）

$$\varepsilon_{U0} = -\frac{I_o Z_{10} \sin(\varphi_{K10} + \theta_o)}{U_1} \times 100 \qquad (1-44)$$

$$\delta_{U0} = \frac{I_o Z_{10} \cos(\varphi_{K10} + \theta_o)}{U_1} \qquad (1-45)$$

第二部分负载误差由负荷电流在绕组的短路阻抗上产生的压降造成，与励磁电流无关。比值差 $\varepsilon_{U2}$，单位 %，相位差 $\delta_{U2}$ 单位（′），分别为式（1−46）和式（1−47）

$$\varepsilon_{U2} = -\frac{I_2{'}Z_{12}\cos(\varphi_{K12} - \varphi_2)}{U_1} \times 100 \qquad (1-46)$$

$$\delta_{U2} = -\frac{I_2{'}Z_{12}\sin(\varphi_{K12} - \varphi_2)}{U_1} \times 3440 \qquad (1-47)$$

（四）特高压罐式 TV 误差影响因素

电压互感器的误差由空载误差和负载误差两部分组成，由上述误差计算公式可分析各参数对空载误差、负载误差的影响。

1. 结构对误差的影响

（1）绕组匝数对误差的影响。绕组匝数对电压互感器误差影响很大，当匝数增多时，空载电流 $I$ 减小，励磁导纳 $Y_m$ 减小，但一次绕组和二次绕组的内阻抗 $Z_1 + Z{'}_2$，特别是漏感抗 $X_1 + X{'}_2$ 显著增大，导致空载误差 $\varepsilon_k$ 变化很小，但负载误差 $\varepsilon_f$ 明显增加。因此准确等级高的或二次负荷阻抗小的电压互感器，应通过减少绕组的匝数来降低误差。

（2）铁芯平均磁路长度对误差的影响。铁芯平均磁路长度与励磁导纳 $Y_m$ 成正比，而空载误差 $\varepsilon_k$ 与 $Y_m$ 成正比，即 $\varepsilon_k$ 也与铁芯平均磁路长度成正比。应尽量缩小铁芯窗口的面积，铁芯截面尽可能选择多级梯形、正方形或者高度 $h$ 比宽度 $d$ 稍大的长方形，使铁芯平均磁路长度尽可能短。不仅能减小空载误差 $\varepsilon_k$，还能节省铁芯材料，降低重量。

2. 铁芯材料对误差的影响

为了便于看出各参数对空载误差的影响，我们还需从式（1-44）出发，并注意到 $Z_{10}\sin\varphi_{K10} = X_{10}$；$Z_{10}\cos\varphi_{K10} = R_1$，于是得出

$$\varepsilon_{U0} = -\frac{I_0(R_1\sin\theta_0 + X_{10}\cos\theta_0)}{U_1} \times 100\% \qquad (1-48)$$

从式（1-48）可以看出，影响空载误差的因素有空载电流、铁芯损耗角、一次绕组电阻和空载漏抗。要减少空载误差首先要采用优质导磁材料，缩短磁路长度，提高铁芯加工质量，减小铁芯接缝或采用无接缝的卷铁芯，尽可能减小空载电流。一次绕组电阻和空载漏抗的大小取决于一次绕组导线以及绕组的结构和几何尺寸。减小 $R_1$ 或 $X_{10}$ 都能使空载电压误差 $\varepsilon_{U0}$ 向正方向变化（或者说误差的绝对值减小），而空载相位差 $\delta_{U0}$ 的变化则是减小 $R_1$ 可使相位差往正方向变化，减小 $X_{10}$ 可使相位差往负方向变化。

铁芯材料的磁导率越高，励磁导纳越小，空载误差越小。但是，铁芯的饱和磁密越高，在相同的截面下，绕组的匝数越少，空载误差虽稍有增大，但负载误差显著减小。故可选磁导率、饱和磁密均高的冷轧硅钢片做电压互感铁芯，比选用铁镍合金效

果好。

**3. 运行参数对误差的影响**

（1）一次电压对误差的影响。一次电压的增高将导致铁芯磁密增大，磁导率、铁芯损耗角先增加，再略减小，激磁导纳 $Y_m$ 随着电压的增大，其模数、角度均先变小，再略增大。

故空载比值差和空载相位差，随着电压的增大，先减小再增大。电压互感器的空载比值差和空载相位差与电压的关系曲线，如图 1-14 和图 1-15 所示。

（2）二次负荷对误差的影响。负载误差与二次负荷阻抗成反比。当负荷阻抗为额定负荷阻抗或下限负荷阻抗，负载复数误差也是恒定的，不会随电压变化。负载比值差 $f_f$ 和负载相位差 $\delta_f$ 与电压的关系曲线，均为一条水平直线，如图 1-14 与图 1-15 所示。

比值差 $f = f_k + f_f$，与电压关系曲线叫做比值差曲线；相位差 $\delta = \delta_k + \delta_f$ 与电压关系曲线叫做相位差曲线。由图 1-14 与图 1-15 可见，电压互感器的比值差曲线和相位差曲线都是有一定陡度的曲线，即随着电压增大，比值差和相位差的绝对值均减小。

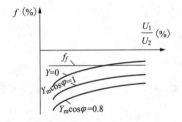

图 1-14　电压互感器比值差曲线

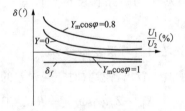

图 1-15　电压互感器相位差曲线

（3）电源频率对误差的影响。当电源频率变化时，如果铁芯不饱和，则对空载误差影响不大。绕组的漏抗与电源频率成正比，故负载误差与频率变化趋势一致。电源频率在 ±5% 小范围内波动，对电压互感器的误差影响不大。如电源频率变化引起铁芯饱和或漏抗显著增大，将使电压互感器的误差增大。

**（五）特高压罐式 TV 减小误差的措施**

**1. 改变互感器结构实现误差补偿**

电压补偿原理线路和通用计算公式将外加电压或电势 $\dot{E}_e$，直接串联加入一次绕组或二次绕组，线路如图 1-16 所示。

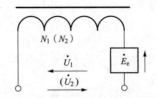

**图 1 – 16　电压补偿原理线路图**

由于一次电流或二次电流通过 $\dot{E}_e$ 的内阻抗 $Z_e$ 产生压降，影响互感器的误差，因此可将 $Z_e$ 分别归入一次或二次绕组内阻抗 $Z_1$ 或 $Z_2$，作为 $Z_1$ 或 $Z_2$ 的一部分，如果 $Z_e \ll Z_1$ 或 $Z_e \ll Z_2$，则可略去不计。

当 $\dot{E}_e$ 加在一次绕组时，有 $\Delta\dot{U}_1 \approx -\dot{E}_e$，所以

$$\Delta\tilde{\varepsilon} = -\frac{\Delta\dot{U}_1}{\dot{U}_1} \approx \frac{\dot{E}_e}{\dot{U}_1} \tag{1-49}$$

当 $\dot{E}_e$ 加在二次绕组时，有 $\Delta\dot{U}_2 \approx -\dot{E}_e$，所以

$$\Delta\tilde{\varepsilon} = -\frac{\Delta\dot{U}_2}{\dot{U}_2} \approx \frac{\dot{E}_e}{\dot{U}_2} \tag{1-50}$$

同时电压补偿还可以和电流补偿混合使用，组成更多补偿线路，得到相应的补偿效果。

故除容性负荷以外，电压互感器的电压误差为负，采取适当的补偿措施可使得误差趋正，即可减小电压误差。匝数补偿和串联互感器补偿为常用补偿电压误差方法。

**2. 匝数补偿**

一般是在一次绕组中少绕 $N_x$ 匝实现误差补偿，即一次绕组减匝数补偿，或者在二次绕组中多绕 $N_x$ 匝补偿，即二次绕组加匝数补偿。当一次绕组少绕 $N_x$ 匝，即实绕 $N_1 - N_x$ 匝时，这时的电压比应为

$$K = \frac{N_1 - N_x}{N_2} \tag{1-51}$$

但是人为地认为这时仍是额定变压比

$$K_n = \frac{N_1}{N_2} \tag{1-52}$$

将式（1-51）代入式（1-52）则得到

$$K_n = K + \frac{N_x}{N_2} \approx K\left(1 + \frac{N_x}{N_1}\right) \tag{1-53}$$

电压比增加了 $N_x/N_1$，即电压误差补偿了

$$\Delta f = \frac{N_x}{N_1} \times 100\% \tag{1-54}$$

当二次绕组多绕 $N_x$ 匝，即实绕 $N_2 + N_x$ 匝时，电压比为

$$K = \frac{N_1}{N_2 + N_x} \tag{1-55}$$

认为这时仍是额定电压比 $K_n$ ，因此有

$$K_n = \frac{N_1}{N_2} = K\left(1 + \frac{N_x}{N_2}\right) \tag{1-56}$$

电压比增加了 $N_x/N_2$ ，即电压误差补偿了

$$\Delta f = \frac{N_x}{N_2} \times 100\% \tag{1-57}$$

匝数补偿实际上是一种电压补偿，因此可以由电压补偿的通用计算公式（1-57）和式（1-50）算出匝数补偿的误差增量 $\Delta \tilde{\varepsilon}$ 。

当一次绕组多绕或少绕 $N_x$ 匝时，即

$$\dot{E}_e = \pm \frac{N_x}{N_1} \dot{E}_1 \tag{1-58}$$

由式（1-58）得到

$$\Delta \tilde{\varepsilon} \approx \frac{\dot{E}_e}{\dot{U}_1} = \frac{\pm \dfrac{N_x}{N_1} \dot{E}_1}{\dot{U}_1} \approx \mp \frac{N_x}{N_1} \tag{1-59}$$

式中 $\dot{E}_1 \approx -\dot{U}_1$

$$\Delta f = \Delta\varepsilon\cos\angle\Delta\tilde{\varepsilon} = \mp \frac{N_x}{N_1} \times 100\% \tag{1-60}$$

$$\Delta\delta = \Delta\varepsilon\sin\angle\Delta\tilde{\varepsilon} = 0 \tag{1-61}$$

当二次绕组多绕或少绕 $N_x$ 匝时，即

$$\dot{E}_e = \pm \frac{N_x}{N_2} \dot{E}_2 \tag{1-62}$$

由式（1-62）得到

$$\Delta \tilde{\varepsilon} \approx \frac{\dot{E}_e}{\dot{U}_2} = \frac{\pm \dfrac{N_x}{N_2} \dot{E}_2}{\dot{U}_2} \approx \mp \frac{N_x}{N_2} \tag{1-63}$$

$$\Delta f = \Delta\varepsilon\cos\angle\Delta\tilde{\varepsilon} = \pm \frac{N_x}{N_2} \times 100\% \tag{1-64}$$

$$\Delta\delta = \Delta\varepsilon\sin\angle\Delta\tilde{\varepsilon} = 0 \tag{1-65}$$

由式（1-60）~式（1-65）可知，当一次绕组多绕 $N_x$ 匝时，对电压误差补偿为负值，少绕 $N_x$ 匝时，补偿为正值；当二次绕组多绕 $N_x$ 匝时，补偿为正值，少绕 $N_x$ 匝时，补偿为负值；且补偿数值与补偿匝数 $N_x$ 成正比，与一次绕组或二次绕组的匝数 $N_1$ 或 $N_2$ 成反比，同时对相位差不起补偿作用。

辅助互感器补偿。如图 1-17 所示为辅助互感器补偿方式。

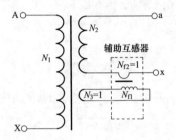

**图 1-17　辅助互感器补偿方式**

主互感器低压侧附加绕组（$N_3 = 1$ 匝）为辅助互感器的一次绕组（$N_{fl}$）提供电源，则辅助互感器每匝电势为

$$e_{fz} = \frac{e_z}{N_{fl}} \tag{1-66}$$

式中　$e_z$——主互感器每匝电势；

　　　$e_{fz}$——辅助互感器每匝电势；

　　　$N_{fl}$——辅助互感器一次匝数。

辅助互感器二次绕组仅一匝，与主互感器的二次绕组串联，故主互感器二次电压的补偿值为

$$\varepsilon_{ub} = \frac{e_z}{N_{fl}} \times 100\% \tag{1-67}$$

改变辅助互感器一次绕组匝数，可实现所需的电压误差补偿。辅助互感器的极性变化使补偿值为正或负。可用卷铁芯制造辅助互感器，尽量减小其漏抗。

**3. 改善铁芯材料及制造工艺实现误差补偿**

电压互感器的一、二次线圈导线截面积的选择，应尽量减少绕组的阻抗。圆型铁芯可缩小绕组每匝的长度以减少绕组阻抗。选择优质的铁芯材料，铁芯之间连接紧凑，可减少电压互感器的误差。

调节一次绕组的线圈匝数可提高电压互感器的电压准确度。调整一次绕组的线径可改进角差的准确度。

**4. 特高压罐式 TV 的主要参数**

（1）绕组的额定电压。额定一次电压是指作为电压互感器性能基准的一次电压值，

根据其接入电路的情况，可以是线电压，也可以是相电压。其值应与我国电力系统规定的"额定电压"系列相一致。

额定二次电压是指作为电压互感器性能基准的二次电压值，我国规定接在三相系统中相与相之间的单相电压互感器的额定二次电压为100V，对于接在三相系统相与地间的单相电压互感器额定二次电压为$100/\sqrt{3}$ V。

（2）额定变比。额定变比为额定一次电压与额定二次电压之比，一般用不约分的分数形式表示为

$$K_U = \frac{U_{1e}}{U_{2e}} \tag{1-68}$$

（3）额定负荷。电压互感器额定负荷是指满足准确度要求所依据的负荷值。额定输出是指在额定二次电压下及接有额定负荷时，互感器所供给二次电路的视在功率值（在规定功率因数下的伏安数）。

实际测试中，电压互感器的额定负荷常以测出的导纳表示，负载导纳与输出容量的关系为

$$S = U_2^2 Y \tag{1-69}$$

由于$U_2$的额定值为100V，故常可用$S = Y \times 10^4$来计算。

（4）准确度等级。因为在电压互感器的使用过程中存在着一定的误差，所以根据电压互感器的允许误差范围对互感器的准确度等级进行划分。国产电压互感器的准确度等级有0.01、0.02、0.05、0.1、0.2、0.5、1.0、3.0、5.0级。0.1级以上准确度等级的电压互感器，其主要作用是在实验室中进行精密测量，或者作为标准来对低等级的互感器进行检验，也可以配合标准仪表的使用，用来检验仪表，因此也被叫做标准电压互感器。用户电能计量装置通常采用0.2级和0.5级准确度等级的电压互感器，而且制造厂需要在铭牌上标明准确度等级的时候，也必须标明该准确度等级的二次输出容量，如特高压罐式TV一般为0.2级、30VA。

（5）特高压罐式TV的基本参数。

1）额定一次电压：$1000/\sqrt{3}$kV。

2）额定变比：$1000/\sqrt{3}/(0.1/\sqrt{3}、0.1)$。

3）准确度等级：0.2、0.5（3P）、3P。

4）额定二次负荷：30VA，$\cos\varphi = 0.8$。

# 第二节　误差测量系统

## 一、误差测量系统构成

JJG 1021—2007《电力互感器检定规程》推荐的电压互感器现场检测方法为比较法，即用一个与被试电压互感器电压比相同的标准电压互感器作标准，把两互感器二次的差压输入误差测量装置进行测量，读出被试电压互感器相对于标准电压互感器的比值差 $f$ 和相位差 $\delta$；被试电压互感器的比值差 $f_x$ 和相位差 $\delta_x$ 为

$$f_x = f + f_0 \tag{1-70}$$

$$\delta_x = \delta + \delta_0 \tag{1-71}$$

注：标准电压互感器的比值差 为 $f_0$ 和相位差为 $\delta_0$。

根据 JJG 1021—2007 规定，当标准电压互感器的准确等级比被试互感器高两级时，标准电压互感器的误差可略去不计。于是

$$f_x = f \tag{1-72}$$

$$\delta_x = \delta \tag{1-73}$$

由误差测量装置直接读出被试电压互感器的比值差和相位差。

电压互感器现场误差检测系统由高压试验电源、标准电压互感器、被试电压互感器、电压负荷箱和误差测量装置组成。特高压电压互感器试验电源通常采用谐振升压电源，谐振升压电源主要由调压装置、励磁变压器、谐振电抗器组成，对于不同被试电压互感器高压试验电源的配置不同，本节将详细描述电源装置、标准装置以及误差测量装置。

JJG 1021—2007 规定了对电压互感器现场检测设备的要求，如下：

（1）试验电源。电源频率 50Hz ± 0.5Hz，波形畸变系数不大于 5%。

（2）标准电压互感器。使用的标准电压互感器变比应和被检电压互感器相同，准确度至少比被检互感器高两个等级，在检定环境下的实际误差不大于被检互感器基本误差限值的 1/5。

标准器的变差，应不大于它的误差限值的 1/5。

标准器的实际二次负荷，应不超出其规定的上限与下限负荷范围。如果需要使用标准器的误差检定值，则标准器的实际二次负荷与其检定证书规定负荷的偏差，应不大于 10%。

（3）电压负荷箱。用于电压互感器试验的电压负荷箱，在接线端子所在的面板上应有额定环境温度区间、额定频率、额定电压、额定功率因数的明确标志。JJG 1021—2007 推荐的额定温度区间为：低温型 − 25 ~ 15℃，常温型 − 5 ~ 35℃，高温型 15 ~ 55℃。检定

时使用的电压负荷箱，其额定环境温度区间应该能覆盖检定时实际环境温度范围。

在规定的环境温度区间，电压负荷箱在额定频率和额定电压的 80% ~ 120% 范围内，有功和无功分量相对误差不超过 ±6%，残余无功分量不超过额定负荷的 ±6%。在其他规定的电压百分数下，有功和无功分量的相对误差均不超过 ±9%，残余无功分量不超过额定负荷的 ±9%。

（4）误差测量装置。误差测量装置的比值差和相位差示值分辨力因不低于 0.001% 和 0.01′。在检定环境下，误差测量装置引起的测量误差，应不大于被检互感器基本误差限值的 1/10。其中差值回路的二次负荷对标准器和被检互感器误差的影响均不大于他们误差限值的 1/20。

## 二、电源装置

现场校验特高压电压互感器时，其电源一般分为两类：一类为特高压 CVT 校验用电源，另一类为特高压罐式 TV 校验用电源。特高压 CVT 的电容量为 5000pF，电容量相对固定且变化范围不大（通常为 ±5%）。一般采用多抽头式固定电抗器实现其谐振升压；特高压罐式 TV 一般装在封闭母线上，校验回路往往比较复杂，带电回路长度长且变化大，一般采用固定电抗器并联可调电抗器的方式实现其谐振升压。

（一）特高压 CVT 校验用电源

1000kV 交流特高压 CVT 电容为 5000pF ± 5%，试验时使用的标准电压互感器对地电容约为 150pF，导线电容在 150 ~ 450pF，电抗器均压环对地电容在 150pF 左右，所以试验总电容在 5200 ~ 6000pF。所以试验电源一般采取工频串联谐振电源，电压标准器采用串联式标准电压互感器，用互感器校验仪依据测差原理测量误差。

试验原理示意图如图 1 - 18 所示。

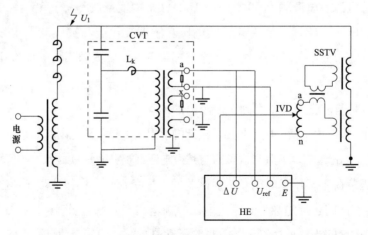

**图 1 - 18　试验原理示意图**

根据特高压 CVT 电容量相对固定且变化范围不大的特点，对于特高压 CVT 校验电源可采用多抽头固定电抗器与其串联进行工频谐振升压，电源装置由调压电源、励磁变压器、组合抽头式固定电抗器组、串联式标准电压互感器、校验仪及负荷箱等组成，其结构采用一体化车载平台，将调压电源、励磁变压器、组合抽头式固定电抗器和串联式标准电压互感器固定在平台上，其位置相对固定。在实验室，通过行吊把整个平台吊装上车，在试验现场，通过平台自身机构将主设备展开并升起，达到试验状态，整个平台不用下车。

互感器校验仪、负载箱、调压控制装置和试验导线运输时放置在平台的储物柜里，试验时放置在适合试验操作的地方，试验电源的升降压采用远程的方式控制，提高安全性。

系统工作原理图如图 1 - 19 所示。

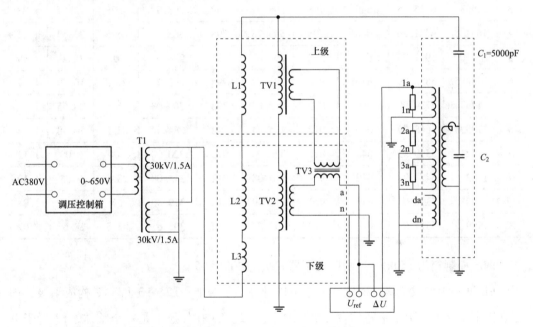

图 1 - 19　系统工作原理图

系统升压电源原理为串联谐振原理，谐振电抗器 L1、L2、L3 与被试 CVT 一次串联，构成串联谐振回路。电抗器 L1、L2 为主谐振电抗器，电抗器 L3 为微调谐振电抗器。主谐振电抗器 L1、L2 参数相同，分两挡可以选择，其电感量为 798H 和 912H；微调电抗器 L3 分三挡可以选择，电感量为 28.5H、57H 和 85.5H。

主谐振电抗器 L1、L2 和微调谐振电抗器 L3 均采用抽头式，内部为带气隙的闭合磁路结构，电抗值固定，无机械可调量，噪声小；主谐振电抗器 L1、L2 为 $SF_6$ 气体绝缘，L3 为空气绝缘；L1、L2、L3 有 12 种组合方式，具体组合见表 1 - 1，可以满足电容量从 5311pF 到 6354pF 之间，细度约为 87pF 分 12 档可调。

在调压控制装置上，设置了功率因数显示装置，可以显示一次系统的功率因数和系统性质（容性或者感性），根据功率因数的性质和大小判断电抗器的连接方式。电抗器全部采用固定电抗器方式，噪声小，绝缘裕度大。

电抗器选择及上下级电抗器电压分布见表 1-1。

表 1-1　电抗器选择及上下级电抗器电压分布表

| 序号 | 组合后电感量（H） | 对应的电容量（pF） | 系统电压（kV） | L1 电感量（H） | L1 电压（kV） | L2 电感量（H） | L2 电压（kV） | L3 电感量（H） | L3 电压（kV） | 高压电流（A） |
|---|---|---|---|---|---|---|---|---|---|---|
| 1 | 1596 | 6354.89 | 640 | 798 | 320.00 | 798 | 320.00 | 0 | 0.00 | 1.28 |
| 2 | 1624.5 | 6243.40 | 640 | 798 | 314.39 | 798 | 314.39 | 28.5 | 11.23 | 1.25 |
| 3 | 1653 | 6135.75 | 640 | 798 | 308.97 | 798 | 308.97 | 57 | 22.07 | 1.23 |
| 4 | 1681.5 | 6031.76 | 640 | 798 | 303.73 | 798 | 303.73 | 85.5 | 32.54 | 1.21 |
| 5 | 1710 | 5931.23 | 640 | 912 | 298.67 | 798 | 298.67 | 0 | 0.00 | 1.19 |
| 6 | 1738.5 | 5833.99 | 640 | 912 | 293.77 | 798 | 293.77 | 28.5 | 10.49 | 1.17 |
| 7 | 1767 | 5739.90 | 640 | 912 | 289.03 | 798 | 289.03 | 57 | 20.65 | 1.15 |
| 8 | 1795.5 | 5648.79 | 640 | 912 | 284.44 | 798 | 284.44 | 85.5 | 30.48 | 1.14 |
| 9 | 1824 | 5560.53 | 640 | 912 | 320.00 | 912 | 320.00 | 0 | 0.00 | 1.12 |
| 10 | 1852.5 | 5474.98 | 640 | 912 | 315.08 | 912 | 315.08 | 28.5 | 9.85 | 1.10 |
| 11 | 1881 | 5392.03 | 640 | 912 | 310.30 | 912 | 310.30 | 57 | 19.39 | 1.08 |
| 12 | 1909.5 | 5311.55 | 640 | 912 | 305.67 | 912 | 305.67 | 85.5 | 28.66 | 1.07 |

调压控制箱为 150kVA；励磁变压器一次为 30kV、5A。

L1 和 TV1 构成上级，固定在一个可以升降的平台上；L2、L3 和 TV2 构成下级，固定在固定平台上，上下级整体在一个平台上。L2、L3 在外形上是一个整体，L3 置于下级电抗器底部，L2 在 L3 上部，L1、L2、L3 均采用 $SF_6$ 气体绝缘。试验平台运输状态图如图 1-20 所示，试验平台试验状态图如图 1-21 所示。

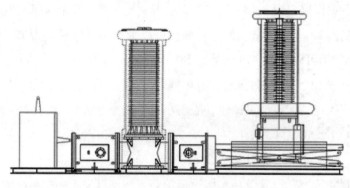

图 1-20　试验平台运输状态图

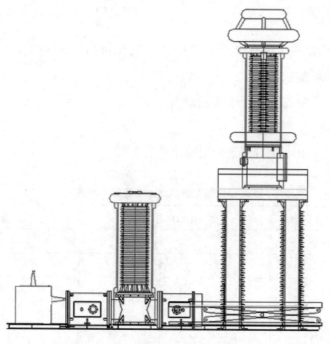

**图 1－21　试验平台试验状态图**

因为上级标准电压互感器 TV1 和上级电抗器最大有 35kV 的电压差，所以 L3 下部采用绝缘底座。

（二）特高压罐式 TV 校验用电源

特高压罐式 TV 置于封闭母线里边，试验时需要带上较长的管道母线和较多的其他器件。试验时母线长度一般在 300～600m 之间，每米电容量大约为 35pF，所以管道电容量为 10500～21000pF，其间的元器件电容量一般在 4000～8000pF，使用的标准电压互感器对地电容约为 150pF，导线电容在 150～450pF，电抗器均压环对地电容在 150pF 左右，试验总电容量在 14800～29750pF，所以试验电源只能采取工频串联谐振电源。

试验电容在 14800～29750pF 之间，对于 14800pF 的电容，在 640kV 电压下的电流约为 3A，采用 640kV、3A 的固定电抗器与 640kV、3A 的可调电抗器组合，电抗器对应的电感量为 680～340H，可以适应绝大多数现场特高压罐式 TV 检测的电源要求。如果对于在某一特定套管处加压，有可能电容量更大超出此范围，可以采取重新选择加压套管。

励磁变压器采用 30kV、3A 的两个独立绕组，全绝缘结构，总容量为 180kVA，输入电压为 400V。调压电源为 380V、200kVA 的单相电源。

## 三、标准装置

1000kV 交流特高压标准装置又称 1000kV 交流特高压标准电压互感器，有两种结构，单级式和串联加法式。

（一）单级式特高压标准电压互感器

1. 技术参数

（1）额定电压比、准确级及额定输出见表 1－2。

表 1－2　额定电压比、准确级及额定输出

| 额定一次电压（kV） | $1000/\sqrt{3}$ | $1000/\sqrt{3}$ |
|---|---|---|
| 一次出线端子 | A－N | |
| 额定二次电压（kV） | $0.1/\sqrt{3}$ | 0.1 |
| 二次出线端子 | a1－n | a2－n |
| 准确级 | 0.05 | 0.2 |
| 额定负荷（VA） | 0.2 | |
| 额定功率因数 | 1.0 | |

（2）额定频率：50 Hz。

（3）工频耐受电压：在 SF$_6$ 最低运行为 0.35 MPa（20℃，表计压力）时；工频耐受电压为 692 kV/1min（1.2$U_N$）。

（4）工作制：606kV/10min（1.05$U_N$）。

（5）SF$_6$ 的额定压力：0.40 MPa（20℃，表计压力）；SF$_6$ 的最低运行压力：0.35MPa（20℃，表计压力）。

（6）密封性能。在环境温度20℃下，产品内部充以额定压力的 SF$_6$ 气体时，其年漏气率不大于0.5%。

2. 产品结构

产品采用箱式结构，由高压屏蔽、一次接线板、高压绝缘套管、箱体、器身、二次接线盒、液压系统七部分组成。

互感器器身采用单级式结构，由 SF$_6$ 气体和绝缘薄膜组成的复合绝缘可使产品耐受很高的电压。器身固定在连接法兰上，置于产品箱体内，二次绕组引出线引入箱体处接线盒内，接线盒内有供用户接线的端子。

箱体处设置有 SF$_6$ 密度控制器和 SF$_6$ 充气阀，高压绝缘套管采用硅橡胶复合绝缘套管，能承受很大的压力，通过套管的上下法兰将箱体与高压一次接线板牢固连接。

**3. 工作原理**

产品一次绕组接高电压，高电压经二次绕组转换为标准电压，供测量仪表使用。工作原理图如图 1-22 所示。

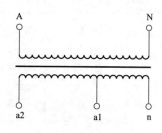

**图 1-22　工作原理图**

（二）串联加法式特高压标准电压互感器

HJ-B1000G3 型串联式标准电压互感器可对实验室用户和现场用户开展电压等级 $500kV/\sqrt{3} \sim 1000kV/\sqrt{3}$、准确度等级 0.05 级及以下电压互感器的检定工作。具有以下特点：

（1）采用 $SF_6$ 气体绝缘，结构合理、体积小、质量轻，上下节可分体立式运输，保证了运输后装置的性能稳定；

（2）上级可以单独作为 500kV 标准电压互感器使用，提高设备的利用率；

（3）在结构设计上采用软连接与硬连接相结合的方式，提高了互感器的抗震性能；

（4）串联式结构降低了单级的绝缘要求，有效降低了生产成本；

（5）串联式结构，实验室使用占用场地面积小，吊装方便；现场检定使用运输方便、操作便捷，有利于计量保证方案的实施。SSTV 现场检定/校准计量保证方案流程图如图 1-23 所示。

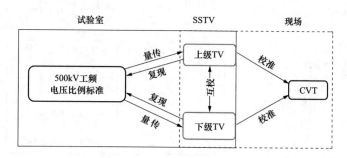

**图 1-23　SSTV 现场检定/校准计量保证方案流程图**

**1. 技术指标**

技术指标见表 1-3。

表 1 - 3  技术指标

| 指标 | 上级 | | | 下级 | | | 整体 | |
|---|---|---|---|---|---|---|---|---|
| 电压比 | $\dfrac{1000kV/\sqrt{3}}{100V/\sqrt{3}}$ | $\dfrac{750kV/\sqrt{3}}{100V/\sqrt{3}}$ | $\dfrac{500kV/\sqrt{3}}{100V/\sqrt{3}}$ | $\dfrac{1000kV/\sqrt{3}}{100V/\sqrt{3}}$ | $\dfrac{750kV/\sqrt{3}}{100V/\sqrt{3}}$ | $\dfrac{500kV/\sqrt{3}}{100V/\sqrt{3}}$ | $\dfrac{1000kV/\sqrt{3}}{100V/\sqrt{3}}$ | $\dfrac{750kV/\sqrt{3}}{100V/\sqrt{3}}$ |
| 一次端子 | A - N | | | N - X | | | A - X | |
| 二次端子 | a 11 - n | a 12 - n | a 2 - n | a 21 - x | a 22 - x | a 3 - x | a - x | a - x |
| 准确度 | 0.05 | 0.05 | 0.05 | 0.05 | 0.05 | 0.05 | 0.05 | 0.05 |
| 尺寸（mm×mm×mm）（高×长×宽） | 2900×740×740 | | | 3100×3000×1800 | | | 6000×3000×1800 | |
| 耐受电压（kV） | 370 | | | 370 | | | 700 | |
| 使用电压 | $1.1U_n$ | | | $1.1U_n$ | | | $1.05U_n$ | |
| 额定负荷（VA） | 0.5 | | | 0.5 | | | 0.2 | |
| 使用海拔（m） | <3000 | | | <3000 | | | <3000 | |
| 重量（kg） | 440 | | | 960 | | | 1400 | |

2. 工作原理

（1）校验 500kV 及以下电压等级电压互感器时直接用上级标准 TV 即可，端子示意图如图 1 - 24 所示；

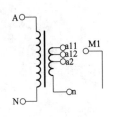

| 上级标准TV端子线路图 | | |
|---|---|---|
| 一次端子 | 二次端子 | 电压比 |
| A—N | a11—n  串联用 | $750kV/\sqrt{3}:100V/\sqrt{3}$ |
| | a12—n | $1000kV/\sqrt{3}:100V/\sqrt{3}$ |
| | a2—n | $500kV/\sqrt{3}:100V/\sqrt{3}$ |

图 1 - 24  校验 500kV 及以下电压等级电压互感器时端子示意图

（2）校验 750～1000kV 电压等级电压互感器时用上下级串联标准 TV，端子示意图如图 1 - 25 所示；

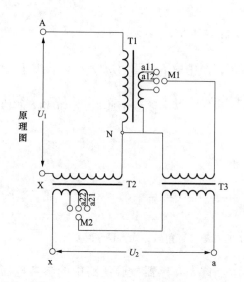

| 变比 | 串联方式 | 准确度 |
|---|---|---|
| $750/\sqrt{3}:0.1/\sqrt{3}$ | M1—a11 M2—a21 | 0.02 |
| $1000/\sqrt{3}:0.1/\sqrt{3}$ | M1—a12 M2—a22 | 0.02 |

| 组　成 | 型　号 | 编　号 | 准确度 |
|---|---|---|---|
| 上级标准TV | HJ—SB500 | _____ a | 0.0_ |
| 高压隔离TV | HJ—GB500 | b | — |
| 下级标准TV | HJ—XB500 | _____ c | — |

**图 1 – 25　校验 750 ~ 1000kV 电压等级电压互感器时端子示意图**

（3）下级标准 TV，端子示意图如图 1 – 26 所示。

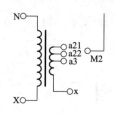

| 下级标准TV端子线路图 | | |
|---|---|---|
| 一次端子 | 二次端子 | 电压比 |
| N—X | a21—X （串联用） | $750kV/\sqrt{3}:100V/\sqrt{3}$ |
| | a22—X （串联用） | $1000kV/\sqrt{3}:100V/\sqrt{3}$ |
| | a3—X | $500kV/\sqrt{3}:100V/\sqrt{3}$ |

**图 1 – 26　下级标准端子示意图**

## 四、误差测量装置

JJG 1021—2007、DL∕T 313—2010《1000kV 电力互感器现场检验规范》推荐使用测差法测量互感器误差。测量原理是将被检互感器与标准互感器的二次电压、电流相减得到差值电压、电流。对于电压互感器误差测量即通过回路差压法把被检互感器与标准互感器的两个电压反向串联得到差压，对于电流互感器误差测量即通过 KCL 在被检互感器与标准互感器的二次电流相汇的第三支路得到差值电流。差值电流或差值电压的大小可通过平衡电桥测量，这时需要在桥路中接入检流器和可调差微电流的电流或电压源。差值电压或电流也可以通过不平衡电桥测量，这时需要在桥路中加入电流、电压测量电路和鉴相电路。这两种误差测量装置在我国都称为互感器校验仪。互感器校验仪的测量结果用幅值比误差和相位误差。采用直角坐标式的测量示值方法表示误差值。

例如测量电流互感器时，误差表示为

$$\frac{\Delta I}{I_N} = f + j\delta$$

直角坐标式的测量示值方法如图 1-27 所示，图中取 $I_N$ 长度 OA 为单位长度 1，则

$\Delta I = BA, f = BC, \delta = CA, \frac{\dot{I}}{I_N} = \frac{\Delta I(-\cos\theta + \sin\theta)}{I_N} = f + j\delta$。由此得到出 $f$ 和 $\delta$ 的值。

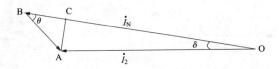

**图 1-27　互感器校验仪误差示值方法（直角坐标式）图**

互感器校验仪的原理框图如图 1-28 所示，首先互感器校验线路中的参考电压、参考电流和差流、差压经过仪器的输入回路，通过电压百分表和电流百分表读取信号，并转化为参考电压 $U_N$ 和差值信号电压 $U_d$。将该信号经过信号放大、滤波后，送至 ADC 转换器转换为数字信号，送入 CPU 中进行数据处理和分析。CPU 对参考电压信号和差值信号进行 FFT 数据分析，计算出角差和比差信号，再送至人机交互界面 HMI 进行显示。

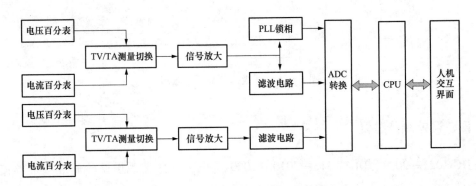

**图 1-28　互感器校验仪原理框图**

# 第三节　典型案例分析

## 一、场站结构及参数简介

交流特高压一般采用 3/2 断路器结构，如图 1-29 所示，在这个完整串中往上部分是一条出线，往下部分是特高压变压器进线，母线上装有电磁式电压互感器，主变压器侧和出线侧装有 CVT，其参数也如图 1-29 所示。

## 二、试验方案

### （一）试验对象

试验对象为某特高压交流输变电工程中特高压 CVT 和特高压罐式 TV，CVT 的制造单位为桂林电力电容器有限责任公司，特高压罐式 TV 的制造单位为日新（无锡）机电有限公司。

1. 特高压罐式 TV 主要技术参数

（1）制造厂名称：日新（无锡）机电有限公司。

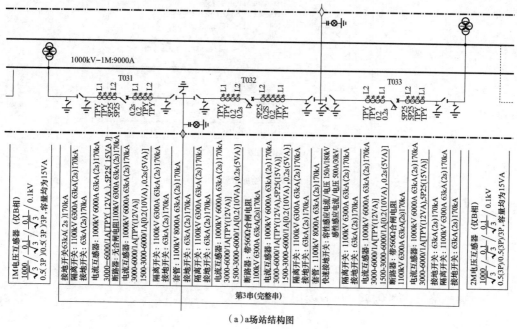

（a）a 场站结构图

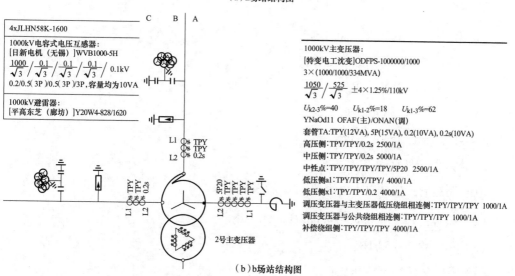

（b）b 场站结构图

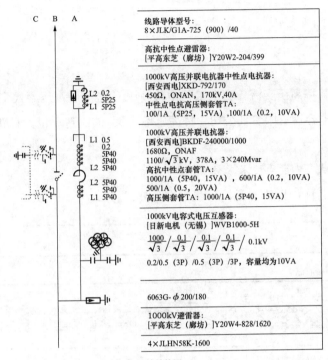

| | 线路导体型号：<br>8×JLK/G1A-725（900）/40 |
| --- | --- |
| | 高抗中性点避雷器：<br>[平高东芝（廊坊）]Y20W2-204/399 |
| | 1000kV高压并联电抗器中性点电抗器：<br>[西安西电]XKD-792/170<br>450Ω，ONAN，170kV,40A<br>中性点电抗高压侧套管TA：<br>100/1A（5P25，15VA），100/1A（0.2，10VA） |
| | 1000kV高压并联电抗器：<br>[西安西电]BKDF-240000/1000<br>1680Ω，ONAF<br>1100/$\sqrt{3}$ kV，378A，3×240Mvar<br>高抗中性点套管TA：<br>1000/1A（5P40，15VA），600/1A（0.2，10VA）<br>500/1A（0.5，20VA）<br>高压侧套管TA：1000/1A（5P40，15VA） |
| | 1000kV电容式电压互感器：<br>[日新电机（无锡）]WVB1000-5H<br>$\frac{1000}{\sqrt{3}}/\frac{0.1}{\sqrt{3}}/\frac{0.1}{\sqrt{3}}/\frac{0.1}{\sqrt{3}}$ 0.1kV<br>0.2/0.5（3P）/0.5（3P）/3P，容量均为10VA |
| | 6063G-$\phi$ 200/180 |
| | 1000kV避雷器：<br>[平高东芝（廊坊）]Y20W4-828/1620 |
| | 4×JLHN58K-1600 |

（c）c场站结构图

**图 1-29　场站结构图**

（2）型号：SVR-100E。

（3）额定频率：50 Hz。

（4）每个绕组额定电压比：

1）第一绕组：1000/$\sqrt{3}$：0.1/$\sqrt{3}$kV；

2）第二绕组：1000/$\sqrt{3}$：0.1/$\sqrt{3}$kV；

3）第三绕组：1000/$\sqrt{3}$：0.1kV。

（5）额定二次负荷和准确度等级：

1）第一绕组：15VA，0.2；

2）第二绕组：15VA，（0.5/3P）；

3）第三绕组：15VA，3P。

2. 特高压 CVT 主要技术参数

（1）制造商：桂林电力电容器有限责任公司。

（2）型号：TYD1000/$\sqrt{3}$-0.005H。

（3）额定频率：50 Hz。

（4）每个绕组额定电压比：

1）第一绕组：$1000/\sqrt{3}$：$0.1/\sqrt{3}$kV；

2）第二绕组：$1000/\sqrt{3}$：$0.1/\sqrt{3}$kV；

3）第三绕组：$1000/\sqrt{3}$：$0.1/\sqrt{3}$kV；

4）第四绕组：$1000/\sqrt{3}$：$0.1$kV。

（5）额定二次负荷和准确度等级：

1）第一绕组：10VA，0.2；

2）第二绕组：10VA，（0.5/3P）；

3）第三绕组：10VA，（0.5/3P）；

4）第四绕组：10VA，3P。

（二）试验内容与目的

1. 试验内容

特高压 CVT 的计量绕组现场误差测量；特高压罐式 TV 的计量绕组现场误差测量；特高压罐式 TV 的励磁特性试验。

2. 试验目的

确保该交流特高压输变电工程中本站特高压 CVT 和特高压罐式 TV 在投入使用时误差符合相关交接验收标准和规程要求。

（三）试验依据

（1）JJG 1021—2007《电力互感器检定规程》

（2）DL/T 313—2010《1000kV 电力互感器现场检验规范》

（3）GB/T 50832—2013《1000kV 系统电气装置安装工程电气设备交接试验标准》

（四）试验条件及准备工作

环境气温 $-15\sim45$℃，相对湿度不大于95%，试验电源频率为 50Hz±0.5Hz，波形畸变不大于5%，并在试验记录上记载。

现场试验用供电电源应有足够的容量，且稳定性好，能保证测量过程顺利进行。

试验前，试验负责人应充分收集图纸材料及出厂试验报告等相关技术资料，熟悉设备技术参数，了解试验现场条件，必要时应预先进行现场勘察，确定符合电气安全距离的试验区域和试验条件。

试验设备进场后，在施工单位的配合下将大型试验设备安置在靠近被试设备的 1000kV 变电站进/出线构架下方合适位置的地面上。大型试验设备（主要指电抗器）放置点地面应夯实处理，确保大型试验设备不发生倾斜。

试验前，除避雷器、支柱绝缘子外，应由施工单位拆除被试 CVT 一次侧与其他设备的连接引线，并拉开到试验要求的安全距离（不少于6m），试验后恢复工作也由施工单位完成（在试验前，建议先不要进行 CVT 与其他一次设备的连接）。

试验加压回路中所有 TA 二次出线均短接接地；GIS、GIL 应完全安装好，充合格 SF_6 气体到额定压力，且各气室的微水和密封性试验测量合格，断路器、隔离开关、接地开关均处于试验所需状态，在至少由试验方、监理及厂家联合检查确认后才能进行试验。

试验设备安装并准确连接后，由现场试验负责人检查接线回路。

在试验场地周围装设安全围栏，并派专人看守。

（五）误差测量

1. 试验方法

1000kV 交流特高压输变电工程中电压互感器现场校准试验采用 1000kV 标准电压互感器作为标准，校准电源采用串联谐振的方式产生试验高电压。

2. 电压互感器误差的校验线路

电压互感器误差的校验线路如图 1-30 所示。

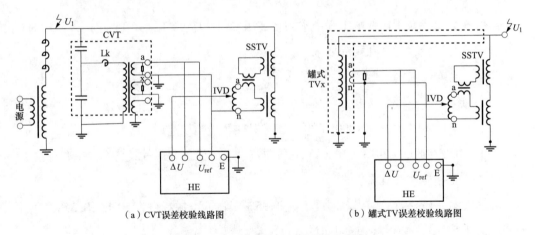

（a）CVT误差校验线路图　　　　（b）罐式TV误差校验线路图

图 1-30　电压互感器误差的校验线路

3. 操作步骤

（1）CVT 误差校准。按图 1-30（a）所示的标准线路接线（因本次试验中互感器校验仪负荷很小，参考接在被试品上），用串联式标准电压互感器校准 CVT。经负责人检查线路无误后，开始试验，调压器均匀地升起电压，电压上升到 5% $U_N$ 时停下试测，观察测量示值是否正常，若无异常，进入下一步。

注意：

1）高压引线与串联式标准电压互感器及 CVT 套管的夹角应大于 75°（可用绝缘绳

从附近门形架将高压引线斜向上拉）；

2）选择标准电压互感器 $1000/\sqrt{3}\,\mathrm{kV}$ ： $100/\sqrt{3}\,\mathrm{V}$ 的变比；

3）计量与各测量绕组要同时带负荷，分轻载和满载两次测量。

满载下（上限负荷）依次将电压升至校准点（ $80\% \, U_N$ 、 $100\% \, U_N$ 、 $105\% \, U_N$ ）进行 CVT 误差校准，并将测量数据记入原始数据表格；测量完成后降下电压，然后在轻载下（下限负荷）测量 $80\% \, U_N$ 、 $100\% \, U_N$ 下的误差；

试验完成后，将调压器降到零位，分闸断电。

说明：测量中根据被试 CVT 的位置相应调整标准电压互感器 $T0$ 的合适位置。该布局可以根据现场具体情况作相应调整。

（2）罐式 TV 误差校准。按图 1-30（b）所示的校准线路接线，试验设备应置于出线侧套管附近合适的位置，高压引线应连到被测 TV 对应的出线侧套管顶端（一般为 A 相），经负责人检查所有线路无误后，开始试验。

其他试验流程、试验方法与注意事项均与 CVT 校准相同。

4. 试验设备

以下为本案例试验设备配置，详细参数见表 1-4，其中交流特高压 CVT 车载校验平台用于交流特高压 CVT 的误差校验，交流特高压 CVT 车载校验平台与特高压可调电抗器平台配合用于特高压罐式 TV 校验。图 1-31 为交流特高压 CVT 车载校验平台和特高压可调电抗器平台现场试验图。

表 1-4　交流特高压电压互感器校验系统配置

| 设备名称 | 组件名称 | 主要参数 | 数量 |
|---|---|---|---|
| 交流特高压 CVT 车载校验平台 | 综合型调压控制柜 | 额定容量：150kVA；<br>输入电压：380V/单相；<br>输出电压：0～400V/单相 | 1 台 |
| | 励磁变压器 | 输入电压：0～400V；<br>输出电压：30kV；<br>额定容量：150kVA；<br>输出电流：5A | 1 台 |
| | 主谐振电抗器 | 电感量：912H（带798H抽头）；<br>额定电压：640kV；<br>额定电流：1.3A；<br>绝缘介质：$SF_6$；<br>额定容量：832kVA | 2 台 |

| 设备名称 | 组件名称 | 主要参数 | 数量 |
|---|---|---|---|
| 交流特高压 CVT 车载校验平台 | 微调谐振电抗器 | 电感量：28.5H、57H、85.5H；<br>额定电压：35kV；<br>额定电流：1.3A | 1 台 |
| | 标准电压互感器 | 准确度等级：0.05 级；<br>额定频率：50Hz；<br>一次电压：1000/$\sqrt{3}$kV、500/$\sqrt{3}$kV；<br>二次电压：100/$\sqrt{3}$V；<br>结构：串联加法结构，在现场，两台互感器可以互校，满足现场校准误差保证方案要求 | 1 台 |
| | 互感器校验仪 | 准确度等级：2 级 | 1 台 |
| | 电压负荷箱 | 额定频率：50 Hz；<br>额定电压：100/$\sqrt{3}$V；<br>功率因数：0.8、1.0；<br>额定容量：2.5VA、7.5VA、12.5VA；<br>准确度等级：±3% | 3 组 |
| | 电源盘、导线等 | 380V500A，二次线等 | 若干 |
| | 平台 | 具备自装卸、自主搭建功能 | 1 套 |
| 特高压可调电抗器平台 | 特高压可调电抗器 | 电感量：675~2700H；<br>额定电压：700kV；<br>额定电流：3.3A；<br>绝缘介质：$SF_6$；<br>额定容量：2310kVA | |
| | 平台 | 具备自装卸、自主搭建功能 | 1 套 |

5. 罐式电压互感器误差测量时升压回路的选择（以本站的 GIS 为例，其他参照）

（1）加压点选取：试验时从 2 号主变压器侧 GIL 出线套管加压。

（2）1 号母线罐式 TV 试验一次回路（如图 1-32 中 GIS 回路填充部分所示）：2 号主变压器侧 GIL 出线套管——T031——1 号母线——T0111。

回路中断路器与隔离开关均合上，接地开关均断开，另切断图 1-32 中 T0321、T0211 和 T0111 隔离开关，相应接地开关接地（通电加压回路不超过 300m）。

**图 1 - 31　交流特高压 CVT 车载校验平台和特高压可调电抗器平台现场试验图**

（3）2 号母线罐式 TV 试验一次回路（如图 1 - 33 中 GIS 回路填充部分所示）：2 号主变压器侧 GIL 出线套管——T032——2 号母线——T0232（T0132）。

回路中断路器与隔离开关均合上，接地开关均断开，另切断图 1 - 33 中 T0312、T0232 和 T0132 隔离开关，相应接地开关接地（通电加压回路不超过 330m）。

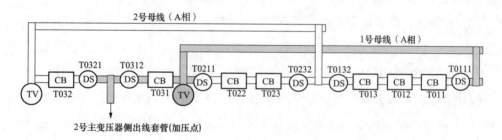

**图 1 - 32　GIS 中 1 号母线罐式 TV 现场校准加压回路**
CB—断路器；DS—隔离开关

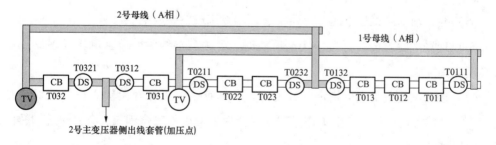

**图 1 - 33　GIS 中 2 号母线罐式 TV 现场校准加压回路**
CB—断路器；DS—隔离开关

上述各试验回路长度相对比较接近，且均不超过 330m，GIS 电容量平均按 35pF/m 计算，再加上回路中各设备电容量，总电容量分别不超过 16000 pF。特高压罐式 TV 误差校验在耐压试验后进行。

（六）误差测量结果判断

依据 JJG 1021—2007 等相关国家标准和规程要求，被检 CVT 或罐式 TV 计量绕组误差应满足 0.2 级（或 0.5 级）要求，即比值差绝对值不大于 0.2%（或 0.5%），相位差绝对值不大于 10′（30′）。

（七）现场配合工作

大型试验设备的安装及使用需要汽车、吊车（≥25t）和高空作业车配合挂接高压引线。

配合工作还包括一次导线的安装和拆除，试验完毕后负责恢复相应一次及二次接线。

（八）安全措施

（1）所有试验人员必须经过严格培训，考试合格并取得相应证件后，方可上岗操作，参加试验的人员必须严格遵守《电力安全工作规程》相关规定。

（2）试验前，试验负责人应填写 DL 408—1991《电业安全工作规程（发电厂和变电所电气部分）》附录上第一种工作票。工作票签发后，试验工作负责人应前往工作地点，核实工作票各项内容确定完整无误，然后在工作票上签名，开始试验工作。

（3）和试验不相关联的高压导线必须拆除（特殊情况下允许把拆除点移到相邻的杆塔上）。拆除时必须用专用接地线把架空线和试品接地。拆除后的架空线用绝缘绳紧固。1000kV 电压设备间安全距离不小于 6m。

（4）除相连接的避雷器、支柱绝缘子母线外，其他一次导线拆除后距试验回路的最小距离不得小于 6m。

（5）测试前和测试后电压互感器都必须用专用放电棒放电。

（6）现场试验人员在拆接一次高压线时，必须戴绝缘手套，且电压互感器一次导线必须可靠接地。

（7）现场试验负责人应指定一名或若干名具有一定工作经验的人员担任安全监护人。安全监护人负责检查全部工作过程的安全性，发现不安全因素，应立即通知暂停工作并向现场试验负责人报告。

（8）试验完成后应按原样恢复所有接线，试验负责人会同现场单位指定的责任人检查无误后，交回工作票。

### 三、常见问题分析

以下将对电压互感器现场试验中常见的问题进行分析。

**1. 谐振电压升不上去**

在现场试验中，采用谐振升压方式电压升不上去的原因较多，但主要原因是谐振回路没有构成或者是没有处于谐振状态，串联谐振是谐振电抗器或者谐振电抗器组与被试电容的串联回路，接地点在被试电容的接地点，所以要仔细检查被试电容的接地情况，被试电容是否有开路或接触不良等现象；如果试验装置和接线都正常，往往电压升不去的原因是谐振装置没有进入谐振状态，这时需要对补偿电感进行调整，使谐振电抗器的感抗与被试电容的容抗相等或者基本相等。

**2. 现场电源质量对校验仪的影响**

现场电源质量会对交流电源供电的校验仪工作带来影响。例如：2014 年在某海拔 3200m 的藏区对 220kV GIS 电压互感器做误差试验中，由于停电原因，采用柴油发电机提供试验电源，该电源频率经检测在 50 ~ 60Hz 之间波动，用交流电源供电的校验仪二次电压设置为 $100/\sqrt{3}$V 挡时，因为电源的影响导致校验仪在该挡位实际的二次电压按 100V 挡在显数，操作时很容易因为过升压而损坏设备酿成事故。当时发现有声响异常并进行了仔细分析判断，及时换了另一台采用电池供电的校验仪，避免了电源频率对校验仪的影响而正确地完成了试验。分析原因是校验仪供电频率异常导致的错误，而经检查这台校验仪在供电频率合格的条件下是完全能正常工作的，所以为了避免电源频率波动对试验的影响，我们建议多采用直流（电池）供电的校验仪。

**3. 二次回路多点接地**

现场测量电压互感器误差时宜采用高端测差法原理接线，这时标准电压互感器和被试电压互感器都可以就地接好地，把高端送到校验仪的测差端。如果采用了低端测差法，二次回路的连接应当先用导线完成设备间的连接，然后再选择在被检互感器一点接地，此时互感器校验仪不得接地，否则两个接地点之间的差电压就会叠加到测量回路，最后出现在差压端，使误差产生异常并造成测量结果的不正确。如果检流计或误差示值不稳定，往往是多点接地造成的。如果把标准电压互感器和被试电压互感器二次的低电位端都接地后，会导致校验仪测差端没有信号，误差基本为零。

**4. 互感器二次取信号点问题**

在测量电压互感器误差时，二次电压信号应该在被试互感器本体接线盒处引出，并断开和外部与本次测量无关的其他线路。如果二次电压不是从被试互感器本体的接线端子盒引出，发现误差异常，可以改接到互感器本体端子盒再测量误差。发生这种情况是由于二次引线中间可能装有开关和保护装置，退出运行后保护装置动作并接入保护元件，进行误差试验时保护元件产生负荷电流，使误差异常，开关长期使用后会发生接触不良的现象，当接入电压负荷时压降显著增加，且满载时会使误差异常偏负。还可能因为厂家安装原因，从被试互感器本体的接线端子盒到二次汇控柜之间接线有错误或标识错误，往往在现场会造成误差检测困难或出现检测错误。因此，不提倡在二次汇控柜接线。

5. 检查高压引线，是否有连接故障

高压引线如果接触不良，有时也会引起异常误差，一般情况下，接触压降如果过大，会发生放电击穿现象，故障自动消失，如果放电是间歇式的，可能会导致数据不稳定。一次电压不够高，可能不发生击穿，相当于在一次回路里串联了一个较大的阻抗，使得标准电压互感器和被试电压互感器的一次电压并不相等，这时会影响误差测量结果。检定人员可以用电阻表测量回路电阻，如果是高压引线接触不良，可以重新接触排除故障。标准电压互感器在运输、搬动的过程中，可能导致一次导电杆和标准电压互感器的线圈接触不好，也会出现类似的情况。

6. 二次回路短路问题

如果在很低电压时，出现误差严重超差并极性报警时，应该检查二次回路有无短路故障出现，当某一、二次回路短路，会导致该二次回路信号降低很多甚至为 0，差压信号增加很快，这种情况要严格检查，有可能会烧毁设备。

7. 校验仪百分表无显示

校验仪百分表无显示，可能是电压没有升起来，也可能是百分表信号没有进入校验仪，需要采用电压表测量标准互感器或者被试互感器的二次电压，如果确定没有电压，按照第 1 条进行检查，如果有电压，要分析校验仪百分表信号线接线是否有误。

8. 标准互感器和被试互感器变比要严格一致

试验中，被试互感器可能是 515、525kV 或者 242kV，与我们通常使用的 500kV 标准电压互感器和 220kV 标准电压互感器变比不一致，会导致误差超某一确定值偏负的问题，试验中要严格检查被试互感器的铭牌参数，必要时要进行变比测试，不要只看变电站名称的电压等级。

9. 感应分压器使用的问题

感应分压器使用时，要注意它本身不能带负荷，它与标准互感器或者被试互感器复合成一台与原来的被试互感器和标准互感器变比一样的新互感器，在应用中要注意新互感器的二次如需要带负荷，感应分压器要在施加的负荷后边，即在感应分压器的一次侧（输入侧）并联负荷；感应分压器二次侧也不能接入校验仪的百分表；采用感应分压器，校验仪的差压信号和百分表信号可能发生了变化，一般呈比例关系，要分析显示结果的百分表和误差数值要不要进行换算的问题。

10. 负荷箱是否正确接入的问题

首先负荷箱的接线要与校验仪的接线严格分开，不能共用线，防止负载箱连接导线的电流对误差测试结果的影响；负载箱是否正确接入，可以通过改变负载箱的挡位来判断，根据电压互感器的工作原理和设计原则，上限负荷与下限负荷的误差变化应一般接近等于误差限值的 0.4 ~ 1.0 倍。如果不符合这一规律，应检查负荷箱是否正常。可以用互感器校验仪的导纳挡测量负荷，也可以用直流电阻表测电阻，检查测量值与理论值的一致程度。

11. 分压电容器与电磁单元没有配合安装使用

CVT 的分压电容器电容量允许有 5% 的误差，出厂调校误差时是在每节分压电容器的位置与编号固定的条件下进行误差调试的，因此，每一只 CVT 的各电容器要严格按照铭牌标注的位置安装，不能交换。如果交换了其中一个或多个元器件，误差与出厂值就有不同，会超差，这种情况，一般是误差成对的朝不同方向超差。

12. 电容分压器外绝缘存在漏电流

耦合电容器是二端电容结构，如果上节电容器外绝缘有漏电流，则会进入下节电容器成为电容电流的一部分进入电磁单元，影响误差。这种情况多数在套管存在外绝缘污秽时发生，通常在对套管进行清洗后误差会恢复正常。

13. 一次引线夹角

一次引线与 CVT 的夹角过小，相当于在 CVT 的高压臂电容上有并联电容器，增加了电容量，增加了一次电流，这个一次电流会流过低压臂，引起误差。一般建议在测量 CVT 误差时，一次导线与被试互感器的夹角不小于 75°。

14. 互感器校验仪故障

测量电压互感器误差的过程中，发现误差示值异常时，包括误差很小或很大或违背误差特性曲线，应检查互感器校验仪是否正常。检查的方法是改变二次负荷，观察误差变化大小和方向是否合理。必要时还可以用数字电压表的 mV 挡测量差压与误差显示值是否一致。

15. 二次接线盒受潮

当被试互感器二次接线盒受潮时，相当于在二次上增加了一个负荷，使得误差偏负，试验时需要检查二次接线端子周围是否潮湿，是否有积水等情况。

# 第二章　交流特高压电流互感器现场误差测量

## 第一节　交流特高压电流互感器误差基本知识

交流特高压电流互感器绝大多数是电磁式电流互感器，以下主要针对交流特高压电磁式电流互感器进行讨论。

（一）电磁式电流互感器的原理

电磁式电流互感器是根据电磁感应原理制成的，主要结构由线圈和铁芯构成，其工作原理也与变压器相似，不同之处是变压器作用是能量的变换，而互感器的作用是信号变换。

一次绕组串联在一次回路中，且匝数较少。因此，在一次绕组中的电流 $I_1$ 完全取决于被测回路的负荷电流，与二次绕组电流 $I_2$ 大小无关。而且二次绕组所接仪表和继电保护装置的电流线圈阻抗很小，一般情况下电流互感器会处于近似短路的状态。如图 2－1 所示。

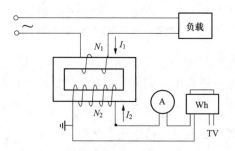

图 2－1　电磁式电流互感器工作原理示意图

在等值电路方面，电流互感器和变压器是相同的。等值电路首先假设一次绕组和二次绕组的匝数是相等，如果实际是不相等，可以通过使用电流比 $K_n$ 将其折算成相等，折算后的参数一律需要在其右上角加一撇表示。对于电压、电流和阻抗，一次折算至二次的计算公式分别为

$$\dot{E}_1' = K_n \dot{E}_1 \qquad (2-1)$$

$$\dot{I}_1' = \frac{\dot{I}_1}{K_n} \qquad (2-2)$$

$$Z_1' = K_n^2 Z_1 \qquad (2-3)$$

式中，$\dot{E}_1$、$\dot{I}_1$、$Z_1$ 分别表示一次回路中感应电势、电流、阻抗。$\dot{E}_1$、$\dot{I}_1$ 字母表示相量，也称为矢量。$E_1$、$I_1$ 字母表示相应相量的大小，也被称为模数，有时也用 $|\dot{E}_1|$、$|\dot{I}_1|$ 表示。

经过折算后，一次和二次的感应电势相等，即

$$\dot{E}_1 = \dot{E}_2 \qquad (2-4)$$

相量相等不仅表示二者大小相等，还有方向相同，也就是相位相同，表示这两个相量是完全重合的。

既然一次和二次感应电势相等，那么一次侧和二次侧的其他参数就可以通过感应电势相互联系起来，电流互感器等值电路如图 2-2 所示。

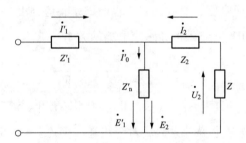

**图 2-2 电流互感器等值电路图**

二次电流 $\dot{I}_2$ 通过外接二次负荷阻抗 $Z$，产生二次电压降 $\dot{U}_2$

$$\dot{U}_2 = \dot{I}_2 Z \qquad (2-5)$$

其中，$\dot{U}_2$ 单位为 V，$\dot{I}_2$ 单位为 A，$Z$ 单位为 $\Omega$。

$\dot{I}_2$ 还通过绕组内阻抗 $Z_2$，产生电压降 $\dot{I}_2 Z_2$；二次回路的总阻抗为

$$Z_{02} = Z + Z_2 \qquad (2-6)$$

其压降全部由二次绕组感应电势 $\dot{E}_2$ 提供，即

$$\dot{E}_2 = \dot{U}_2 + \dot{I}_2 Z_2 = \dot{I}_2(Z + Z_2) = \dot{I}_2 Z_{02} \qquad (2-7)$$

要产生感应电势 $\dot{E}_2$，铁芯就必须励磁，励磁电流 $\dot{I}_0$ 为

$$\dot{I}_0 = \frac{-\dot{E}_1}{Z_n} \quad \dot{I}_0' = \frac{-\dot{E}_2}{Z_n'} \qquad (2-8)$$

式中，$Z_{\mathrm{m}}$ 为铁芯等值阻抗，也叫做励磁阻抗。折算后的一次和二次电流的相量和就是励磁电流。

$$\dot{I}_0 = \dot{I}_1 + \dot{I}_2 \qquad (2-9)$$

一次电流 $\dot{I}_1$ 通过一次绕组内阻抗 $Z_1$，产生压降 $\dot{I}_1 Z_1$，因此一次电压 $\dot{U}_1$ 为

$$\dot{U}_1 = \dot{I}_1 Z + \dot{E}_1 \qquad (2-10)$$

为了能够以比较简便的方式看出各相量之间的关系，一般的方式就是将有关的相量画在一起，这就是相量图，也叫矢量图。电流互感器的相量图如图 2-3 所示。

先在水平轴上从左到右画出相量 $\dot{I}_2$，其箭头所指的方向就是 $\dot{I}_2$ 的方向，而长短就表示它的大小。根据式（2-5）画出 $\dot{U}_2$，其大小为 $\dot{I}_2$ 和 $Z$ 的乘积，用相量的长度来表示，其相位超前 $\dot{I}_2$ 一个角度 $\varphi$，用箭头表示，$\varphi$ 就是 $Z$ 的阻抗角。根据式（2-7）画出 $\dot{E}_2$，其大小为 $I_2$ 和 $Z_{02}$ 的乘积，其相位超前于 $\dot{I}_2$ 一个角度 $\alpha$，$\alpha$ 就是 $Z_{02}$ 的阻抗角。要产生感应电动势 $\dot{E}_2$，铁芯就必须有磁通，磁通是产生感应电势的必要条件。单位截面铁芯所拥有的磁通叫做磁通密度，简称磁密，也叫做磁感应强度。由电磁感应定律可以求得在工频（即频率为 50Hz）时磁密和感应电势的关系

$$B = \frac{E_2 \times 10^2 \times 10^2}{222 W_2 Sk} = \frac{45 E_2}{W_2 Sk} \qquad (2-11)$$

式中，$B$ 为磁密，单位特斯拉（T），$1\mathrm{T} = 10000\mathrm{Gs}$；$W_2$ 为二次绕组的匝数；$S$ 为铁芯截面，单位 $\mathrm{cm}^2$；$k$ 为铁芯叠片系数，对于热轧硅钢片 $k = 0.8 \sim 0.9$，对于冷轧硅钢片 $k = 0.9 \sim 0.95$。$B$ 的大小可由式（2-11）求得，其相位超前于 $\dot{E}_2$ 90°。

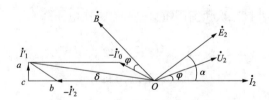

图 2-3　电流互感器相量图

铁芯有磁场强度 $H$ 是铁芯有磁密 $B$ 的必要条件，$H$ 的单位为 $\mathrm{A/cm}$。磁密和磁场强度的比值表示的就是铁芯的磁导率，一般使用 $\mu$ 表示。

$$\mu = \frac{B}{H} \qquad (2-12)$$

在交流电中，磁密 $B$ 一般用峰值，磁场强度一般用有效值，有效值乘以 $\sqrt{2}$ 就等于峰值，因此

$$\mu = \frac{B}{1.414 \times H} \qquad (2-13)$$

式中，$B$ 单位 T 或 Gs，H 单位 A/cm，$\mu$ 单位 T/（A·cm$^{-1}$）或 Gs/（A·cm$^{-1}$）。但一般 $\mu$ 的单位用特/奥（T/Oe）或高斯/奥（Gs/Oe），1A/cm = 0.4πOe。

这样：

$$\mu = \frac{B}{1.414 \times 0.4\pi H} \approx \frac{5.627B}{H} \qquad (2-14)$$

$\dot{H}$ 的相位超前于 $\dot{B}$ 一个角度 $\psi$，$\psi$ 表示铁芯的损耗角。$H$ 的大小和损耗角 $\psi$ 一般都可以从相应的铁芯磁化曲线中查得。

由于铁芯磁导率 $\mu$ 和损耗角 $\psi$ 不是常数，它们都随着磁密度或磁场强度的改变而改变。因此，$\dot{H}$ 相对于 $\dot{B}$，即 $\dot{H}/\dot{B}$ 的大小和相位也是会进行变化的。在电流互感器正常运行的范围内，导磁率和损耗角会随着铁芯的磁密度提高而变大，$\dot{H}/\dot{B}$ 越小，且相位越超前。对铁芯进行励磁，也就是需要励磁磁动势。励磁磁动势是使铁芯有磁场强度的必要条件。

$$I_0 W_1 = HL$$

式中，$I_0 W_1$ 为励磁磁动势，单位安匝（A），所以也叫做励磁安匝，$L$ 是铁芯的平均磁路长度，单位 cm。$\dot{I}_0$ 和 $\dot{H}$ 是同相的。相量图上有的标 $\dot{H}$，也有的标 $\dot{I}_0$ 或 $\dot{I}_0 W_1$ 或 $\dot{I}_0 W_1 / I_1 W_1$。由于这些相量是同相的，也就是位置相同，大小不同，单位不同，只需要改变相应的比例尺，就可以将其画成一样长短，所以根据需要标上任一相量都是合适的。

根据式（2-9），可以画出相量 $\dot{I}_1{}'$

$$\dot{I}_1{}' = \dot{I}_0 - \dot{I}_2 \qquad (2-15)$$

两个相量相加，就是画出由这两个相量组成的平行四边形，其对角线就是两相量之和，这里就是相量 $\dot{I}_1{}'$。实际上两相量相加，也就是两相量首尾相加。

根据式（2-10）还可以画出 $\dot{U}_1$ 的相量。在一般情况下，$\dot{U}_1$ 与电流互感器自身性能无关，因此相量图上经常省略不画。

由相量图可以很清楚看出，$\dot{I}_1{}' = -\dot{I}_2$，就是因为有 $\dot{I}_0{}'$；$\dot{I}_1{}'$ 与 $\dot{I}_2$ 长短之差与 $\dot{I}_1{}'$ 的比值，就是比值差 $f$，$\dot{I}_1{}'$ 与 $-\dot{I}_2$ 两相量的夹角 $\delta$ 就是相位差。

由 $\dot{I}_1{}'$ 的矢端即 $a$ 点作直线垂直于 $-\dot{I}_2$（其矢端为 $b$ 点），并与 $ob$ 的延长线相交于 $c$；$\triangle abc$ 为直角三角形，$\angle cab = \psi + \alpha$；由此可以得出电流互感器的比值差 $f$ 和相位差 $\delta$

$$f = \frac{I_2 - I'_1}{I'_1} \approx \frac{-\overline{cb}}{I} = -\frac{I'_0}{I_1}\sin(\psi + \alpha) \times 100\% \qquad (2-16)$$

$$\delta \approx \sin\delta = \frac{\overline{ca}}{I'_1} = \frac{I'_0}{I_1}\cos(\psi + \alpha) \times 3438' \qquad (2-17)$$

式中由于相位差 $\delta$ 很小，一般 $\delta \angle 2°$，因此 $\delta \approx \sin\delta$，

$I_2 - I'_1 \approx -\overline{cb} = -I'_0 \sin(\psi+\alpha)$，$ca = I'_0\cos(\psi+\alpha)$。$\sin\delta = \overline{ca}/I'_1$，单位弧度（rad），$1\,\mathrm{rad} \approx 3438'$，相位差的单位为（'），所以式（2-17）中乘以 $3438'$，把弧度化成分，$\dot{I}'_0 / \dot{I}'_1 = I_0/I_1$，有时也用安匝数表示，即

$$\frac{I_0}{I_1} = \frac{I_0 W_1}{I_1 W_1} \approx \frac{I_0 W_1}{I_2 W_2}$$

如果将相量图画在直角坐标上，$I_2$ 画在正 $x$ 轴上，并把 $I'_0$ 相量标为 $I_0/I_1$，那么 $I_0/I_1$ 的矢端坐标（$x$，$y$），根据直角坐标

$$x = \frac{I_0}{I_1}\cos(90°+\psi+\alpha) = -\frac{I_0}{I_1}\sin(\psi+\alpha) \qquad (2-18)$$

$$y = \frac{I_0}{I_1}\sin(90°+\psi+\alpha) = -\frac{I_0}{I_1}\cos(\psi+\alpha) \qquad (2-19)$$

式（2-16）、式（2-17）与式（2-18）、式（2-19）比较，可见

$$f = x \times 100\% \qquad (2-20)$$

$$\delta = y \times 3438' \qquad (2-21)$$

相量 $I_0/I_1$ 的矢端坐标（$x$，$y$）分别表示互感器的比值差和相位差。由此可得，只需要画出相量图就可以得出互感器的比值差和相位差。其中互感器误差用相量矢端的直角坐标来表示，把分析和研究互感器的误差变得简单许多。电流互感器的复数误差是由比值差和相位差组成，即

$$\tilde{\varepsilon} = f + j\delta = x + jy \qquad (2-22)$$

式中，$\tilde{\varepsilon}$ 是以复数表示的误差，与阻抗 $Z$ 相类似，$Z$ 也是复数，$Z = R + jX$，由电阻 $R$ 和电抗 $X$ 组成。

电流互感器的复数误差，是反转 180° 的二次电流相量通过额定电流比折算到一次后，与实际的一次电流相量的差值，然后跟实际一次电流相量的比值，并用百分数表示，即

$$\tilde{\varepsilon} = \frac{-K_a\dot{I}_2 - \dot{I}_1}{\dot{I}_1} \times 100\% = \frac{\dot{I}_0 N_1}{\dot{I}_1 N_1} \times 100\% = \frac{\dot{I}_0}{\dot{I}_1} \times 100\%$$

$$(2-23)$$

由此可见复数误差是励磁安匝与一次安匝相量之比的负值。由图 2-2 等值电路和式（2-7）可见

$$\dot{E}_2 = -\dot{I}'_0 Z'_n = \dot{I}_2 Z_{02} \qquad (2-24)$$

所以

$$-\dot{I}'_0/\dot{I}_2 = Z_{02}/Z'_n \qquad (2-25)$$

由于

$$\dot{I'}_1 \approx -\dot{I}_2 \qquad (2-26)$$

将式（2-25）和式（2-26）代入式（2-23）可以得到

$$\tilde{\varepsilon} = \frac{I'_0}{I_1} \times 100\% = \frac{Z_{02}}{Z'_n} \times 100\% \qquad (2-27)$$

复数误差是二次负荷总阻抗与二次励磁阻抗之比的负值。

$\varepsilon$ 是 $\tilde{\varepsilon}$ 的模数

$$\varepsilon = \frac{I_0}{I_1} = \frac{Z_{02}}{Z'_n} \qquad (2-28)$$

$\tilde{\varepsilon}$ 的角度 $\angle \tilde{\varepsilon}$ ，根据相量图可以得到复数误差角度为

$$\angle \tilde{\varepsilon} = 90° + \alpha + \psi \qquad (2-29)$$

这就是图 2-3 相量图中 $\dot{I'}_0$ 的角度。

（二）电流互感器的结构

电流互感器主要由一次绕组、二次绕组和铁芯构成，而且一次绕组、二次绕组和铁芯之间存在绝缘。结构最为简单的电流互感器，只有一个一次绕组、一个二次绕组和一个铁芯，因此这种电流互感器仅有一个电流比。一般情况下，为了提高电流互感器的准确度，会对电流互感器的误差进行补偿。在有些情况下，会将另外绕制辅助线圈或加入辅助铁芯。10kV 以上的高压电流互感器，有时为了方便使用，会将几个独立的互感器的铁芯绕组，经过公用的一个一次绕组、绝缘和外壳，然后装在一个互感器上，最后制成一个多次电流互感器。如此一来，一台电流互感器就可以起到两台或三台互感器的作用，两个或三个次级可以分别起到测量或保护线路的作用。0.2 级以上精密的电流互感器，大部分制作成多电流比的结构，即一台互感器有许多电流比，使用时可多做选择。此类的电流互感器的一次绕组或二次绕组都制作成中间抽头式的，只要一次（或二次）绕组保持不变，相应于二次（或一次）的每一个抽头绕组，就可以得到一种电流比。这样一次和二次绕组相组合，就可以有许多电流比。特高压电流互感器的铁芯都是圆环形结构，如图 2-4（a）所示。

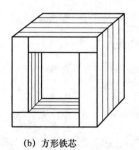

(a) 圆环形铁芯　　　(b) 方形铁芯

图 2-4　铁芯类型

开始的时候，圆环形铁芯采用硅钢片将其冲成圆环片，然后一片一片的叠起来，现在绝大部分互感器都改为使用硅钢片带直接卷制铁芯。这种圆环形铁芯的优点是没有气隙，磁性能高，并且卷制比较简单。因此，0.2级以上精密电流互感器都采用这种带绕铁芯。它的缺点是绕制绕组比较困难，尤其是绕粗导线绕组，不易将这种绕线实现机械化。

在低电压等级里，也有方形铁芯，也就是叠片式，如图2-4（b）所示。方形铁芯是用多片的硅钢片相叠而成。方形铁芯的优点是绕制线圈容易，可以将绕组提前在机器上绕制好，直接套在硅钢片铁芯上成为绕组；但是这种铁芯间有气隙，磁性能低，绕组漏磁大，并且将硅钢片叠成方形和安装比较麻烦。

特高压电流互感器一次绕组都是单匝的，单匝式电流互感器的一次绕组是由单根直导体构成的。二次绕组均匀的绕在铁芯上，以减少漏磁。所制成的二次绕组直接套在绝缘套的外面，如套管电流互感器、穿墙套管电流互感器、断路器套管电流互感器等都是这类结构。

电流互感器的变流比是一次电流和二次电流之比 $I_1/I_2$ 或者是二次匝数对一次匝数的比值 $W_2/W_1$。同样的，由于套管式电流互感器结构的特殊性，其变流比也随着互感器二次线圈抽头抽取的不同而不同。当套管式电流互感器应用在35kV及以上电压等级的多油断路器中时，经常还需要将两个同相套管电流互感器进行串联或并联使用。两个同相套管电流互感器进行并联或串联是指一次串联仅在二次并联或串联。将两个同相套管电流互感器串联的接线方式是为了满足保护装置所需求的容量。就保护回路而言，在两个电流互感器串联后，电流互感器变流比没有改变，但是其容量却增加一倍，单个电流互感器的变流比没有改变，但二次回路的电流增加了一倍，因此容量也增加了一倍。就测量回路而言，电流互感器的变流比减少了一半。这种接线方式在电流互感器变流比较大，且一次负荷电流小的时候采用，可以较准确的测量负荷电流。如果将两个同相套管电流互感器进行串联或仅单独使用，那么使用以上抽头下的互感器的变流比都会增大一倍。套管式互感器是利用环形铁芯和绕在它上面的二次线圈构成的，它可以直接套在断路器的电容套管上。为了能够得到多个变流比以供用户选用，在二次线圈上有数个抽头可选择。因此在使用套管式电流互感器时，对具有多个抽头的二次绕组，除了一组接电流表等以外，绝对不允许将余下抽头进行短接。这里需要指出：一台有两组或三组及以上的二次绕组的电流互感器与一台具有多个抽头的二次绕组的套管式电流互感器在结构上有着一些不同。前者每组二次绕组均绕在自己的铁芯上，虽然共用一次绕组，但各自都拥有独立的磁路并且可以互不影响。如果某组二次绕组闲置，必须进行短接，否则这个二次绕组会感应出很高的尖顶波电势以至于危及人员的安全，同时，该铁芯也会磁通剧增，导致严重发热，最终损坏该二次绕组。套管式电流互感器如图2-5所示。

**图2-5 套管式电流互感器实物图**

特高压电流互感器就是把这样的互感器装入了GIS管道中，一次借用其母线，铁芯和线圈放置于GIS外壳的内壁，再屏蔽起来。因为特高压要承受很高的电压，所以一次导体离线圈的距离比较远，采用误差推算等方法测量其误差时，要充分考虑这个因数带来的漏抗和阻抗，建议采用在一次施加实际测量点需要的大电流的方式进行直接测量。

（三）电磁式电流互感器的误差构成和计算

1. 误差构成

励磁电流和铁芯耗损导致电流互感器误差包含电流误差（比值差）和相位误差。GB/T 20840.2—2014《互感器　第2部分：电流互感器的补充技术要求》对电流互感器误差的定义如下：

（1）比值差。将二次电流按额定电流折算到一次后，与实际一次电流不等造成了电流互感器的比值误差。比值误差的百分数用式（2-30）表示

$$\varepsilon_\mathrm{i} = \frac{K_\mathrm{n}I_2 - I_1}{I_1} \times 100\% \qquad (2-30)$$

式中　$K_\mathrm{n}$——额定电流比；

$I_1$——实际一次电流；

$I_2$——二次电流测量值。

据电流互感器的工作原理，仅当励磁电流为零时，二次电流与额定电流比的乘积才与一次电流相等，而实际励磁电流大于零，故电流互感器的电流误差值小于零。

（2）相位误差。相位误差定义为电流互感器一次、二次电流相量的相角差。当一次电流相量滞后于二次电流相量时相位误差为正，单位为分（′）或厘弧度（crad）。但本定义只在电流为正弦时正确。

（3）复合误差。复合误差$\varepsilon_\mathrm{c}$为稳态下，实际二次电流的瞬时值乘以额定电流比与一次电流的瞬时值之差的方均根值，再除以一次电流方均根值的百分数，见式（2-31）

$$\varepsilon_\mathrm{c} = \frac{100}{I'_1} \sqrt{\frac{1}{T}\int_0^T (K_\mathrm{n}i_2 - i_1)^2 \mathrm{d}t} \times 100\% \qquad (2-31)$$

式中　$K_n$ ——额定电流比；

　　　$I'_1$ ——一次电流方均根值；

　　　$i_1$ ——一次电流瞬时值；

　　　$i_2$ ——二次电流瞬时值；

　　　$T$ ——一个周波的时间。

据上述概念可知，复合误差常见于电流互感器非正弦波电流误差分析。

2. 误差计算

电流互感器等值电路、相量图如图 2－6 所示。以二次电流 $I'_2$ 为基准，$\dot{I}_2$ 初相角等于 $0°$，二次电压 $\dot{U}'_2$ 较 $\dot{I}_2$ 超前 $\varphi_2$ 角，$\dot{E}'_2$ 超前 $\dot{I}_2$ 角度 $\alpha$，铁芯磁通 $\dot{\Phi}$ 超前 $\dot{E}'_2$ 角度 $90°$，励磁磁势 $\dot{I}_0 N_1$ 对 $\dot{\Phi}$ 超前 $\psi$ 角。其中 $\varphi_2$ 为二次负荷功率因数角；$\alpha$ 为二次总阻抗角；$\psi$ 为铁芯损耗角。

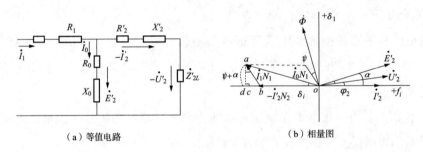

（a）等值电路　　　　　　　（b）相量图

图 2－6　电流互感器原理图

根据磁势平衡原理

$$\dot{I}_1 N_1 + \dot{I}'_2 N_2 = \dot{I}_0 N_1 \tag{2－32}$$

一次电流 $\dot{I}_1$ 与旋转 $180°$ 的二次电流相量 $-\dot{I}_2$ 的比值差和相位误差计算如下：

电流误差为

$$\varepsilon_i = \frac{k_i I_2 - I_1}{I_1} \times 100\% \tag{2－33}$$

式中　$I_2$ ——二次电流的测量值；

　　　$I_1$ ——实际一次电流。

相量误差为 $-\dot{I}_2$ 与 $\dot{I}_1$ 之间的夹角 $\delta_i$，规定 $-\dot{I}_2$ 超前 $\dot{I}_1$ 时，相位误差为正。

因为 $k_i = I_{n1}/I_{n2} \approx k_N = N_2/N_1$，故式（2－33）可写成

$$f_i = \frac{I_2 N_2 - I_1 N_1}{I_1 N_1} \times 100\% \tag{2－34}$$

可见，当 $I_1 N_1$ 小于 $I_2 N_2$ 时，电流误差为正；相反为负。从相量图可知 $I_2 N_2 - I_1 N_1 =$

$ob - od = - bd$，当 $\delta_i$ 很小时，$bd \approx bc$，则

$$f_i \approx \frac{I_0 N_1}{I_1 N_1} \sin(\psi + \alpha) \times 100\% \qquad (2-35)$$

$$\delta_i \approx \sin\delta_i = \frac{I_0 N_1}{I_1 N_1} \cos(\psi + \alpha) \times 3440' \qquad (2-36)$$

式（2-34）和式（2-35）表明电流互感器的误差可由励磁磁势 $I_0 N_1$ 表示。$I_0 N_1$ 为电流互感器绝对误差，$I_0 N_1 / I_1 N_1$ 则为相对误差。当相量图中的 $\dot{I}_0 N_1$ 用 $\dot{I}_0 N_1 / \dot{I}_1 N_1$ 表示时，$\dot{I}_0 N_1 / \dot{I}_1 N_1$ 在横坐标上的投影为电流误差，$\dot{I}_0 N_1 / \dot{I}_1 N_1$ 在纵坐标上的投影为相位误差。其中电流误差和相位误差的正负号可由图 2-6（b）中以 $o$ 点为原点所选择的直角坐标系来确定。

3. 电磁式电流互感器误差影响因素

根据电磁感应定律，互感电势

$$E_2 = \sqrt{2}\pi BSfN_2 \qquad (2-37)$$

当二次回路电压降等于 $E_2$，误差不大时，$I_2 \approx I_1/k_N$，则

$$E_2 = I_2(Z_2 + Z_{2L}) \approx I_1(Z_2 + Z_{2L})/k_N \qquad (2-38)$$

由式（2-37）和式（2-38）可得

$$B \approx I_1 N_1(Z_2 + Z_{2L})/(\sqrt{2}\pi f N_2^2 S) \qquad (2-39)$$

电流互感器相对误差为

$$\frac{I_0 N_1}{I_1 N_1} = \frac{HL_c}{I_1 N_1} = \frac{BL_c}{I_1 N_1 \mu} \approx \frac{(Z_2 + Z_{2L})L_c}{\sqrt{2}\pi f \mu N_2^2 S} \qquad (2-40)$$

式中　　$H$——铁芯磁场强度；

　　　　$B$——磁感应强度；

　　　　$S$——铁芯截面积；

　　　　$L_c$——磁路平均长度；

　　　　$\mu$——铁芯磁导率；

　　　　$Z_2$——互感器二次线圈的内阻抗；

　　　　$Z_{2L}$——负荷阻抗；

　　　　$N_2$——额定二次匝数。

将式（2-40）代入式（2-35）和式（2-36）得

$$f_i = \frac{(Z_2 + Z_{2L})L_c}{\sqrt{2}\pi f \mu N_2^2 S} \sin(\psi + \alpha) \times 100\% \qquad (2-41)$$

$$\delta_i = \frac{(Z_2 + Z_{2L})L_c}{\sqrt{2}\pi f \mu N_2^2 S} \cos(\psi + \alpha) \times 3440' \qquad (2-42)$$

（1）电流互感器结构对误差的影响。电流互感器的误差与铁芯的平均长度和互感器二次回路总阻抗成正比。与铁芯截面积、二次绕组匝数的平方和一次安匝成反比。

二次回路总阻抗包括二次负荷阻抗和二次绕组自身阻抗，前者取决于测量仪表（或继电保护装置）的阻抗及连接导线阻抗等使用要求，后者取决于产品本身的设计结构。多重因素交互影响，如铁芯截面加大会使得二次绕组长度增加，导致二次绕组阻抗、磁路长度增加，有关这些因素应在互感器设计和制造中进行综合考虑。

（2）电流互感器铁芯材料对误差的影响。式（2-41）和式（2-42）中的 $\mu$ 及铁芯损耗角 $\psi$ 与一次电流 $I_1$ 有关。$I_1 \propto E_2 \propto B$，$B$（或 $I_1$）与 $\mu$ 的关系图如图 2-7 中曲线 $\mu$ 所示。

电流互感器铁芯常选用磁感应强度较小的材料以降低误差，在额定二次负荷下，当一次电流为额定值时，磁感应强度约为 0.4T，相当于图 2-7 中曲线的 $a$ 点附近。一次电流 $I_1$ 减小，$\mu$ 值将逐渐下降，由于误差与 $\mu$ 成反比，故误差 $f_i$ 和 $\delta_i$ 随 $I_1$ 减小而增大，但由于 $\psi$ 随 $H$ 减小而减小，故 $\delta_i$ 比 $f_i$ 增加的快。电流互感器正常工作范围的误差特性曲线如图 2-8 所示（图中虚线表示经过匝数补偿后的电流误差，曲线 1 为额定负荷，曲线 2 为 25% 额定负荷）。电流互感器运行在额定电流时误差较小。当发生短路时，相当于图 2-7 中 $b$ 点以上，由于铁芯饱和，$\mu$ 值下降，误差随 $I_1$ 增大而增大。

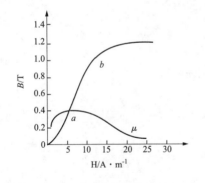

图 2-7　磁化曲线

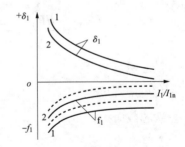

图 2-8　电磁互感器正常工作误差特性曲线

（3）电流互感器运行对误差的影响。

1）二次负荷阻抗及功率因数对误差的影响。由式（2-41）和式（2-42）可见，误差与二次负荷阻抗 $Z_{2L}$ 成正比，这是因为一次电流不变（即 $I_1 N_1$ 不变），增加 $Z_{2L}$ 时（$\cos\varphi_2$ 不变），而 $f_i$ 及 $\delta_i$ 增大。当二次负荷功率因数 $\varphi_2$ 增加时，$\dot{E}_2$ 与 $\dot{I}_2$ 之夹角 $\alpha$ 增加，$f_i$ 增大，而 $\delta_i$ 减小。反之，$\varphi_2$ 减小时，$f_i$ 减小，而 $\delta_i$ 增大。

2）电流导体对误差的影响。电流导体能够在相邻的电流互感器铁芯上产生磁场。电力互感器准确度等级最高只有 0.1 级，绝大部分的铁磁材料在运行磁密下的磁导率的变化幅度比较小，小幅度的磁密变化并不会对误差产生实质性影响。因此只有外磁场对铁芯内磁场的扰动不明显，例如当铁芯磁路两侧磁通的变化仅 10%，则互感器的误差可认为保持不变。但是当外磁场使铁芯磁路两侧磁通差别超过 30%，则误差的变化就会变得明显。尤其是当一侧磁通增加到接近饱和磁密状态时，误差就会偏离控制，甚至会导致互感器绕组过热损坏。电流导体的影响存在两种情况，一种是穿心母线偏离铁芯轴线，另一种是与互感器铁芯太过接近。

3）剩磁和磁化对误差的影响。根据铁磁物质的磁化理论，铁芯磁化过程是磁畴取向的过程，当外部磁场取消后，磁畴并不能回到完全的无序状态，使得平均磁化强度不能降为零。磁畴取向后要使它转向需要输入能量，或者说它有记忆效应，这种现象称为磁滞效应。对于结构均匀的晶体，磁滞现象只在施加外界磁场时发生，当外界磁场消失后晶格的热运动会使磁畴很快到无序状态，不存在剩磁。但实际加工得到的晶体总是不均匀的，在内部应力作用下，部分磁畴可以沿应力取向，如果外部磁场的作用力不能超过内部应力，这部分磁畴将不随外部磁场翻转，这时就有剩磁产生。一般地说，剩磁小的硅钢片，磁畴取向能小，磁导率高，质量好；电流互感器在运行中的剩磁主要是线路开关进行分闸或合闸操作时出现的非周期电流引起的，非周期电流具有直流分量，使铁芯发生直流磁化。磁化后的电流互感器一般不能再运行电流下自动退磁，因为运行电流一般不能达到发生直流磁化时的暂态电流峰值，因此电网中的电流互感器都是在带剩磁的状态下运行的。在现场误差检验中，发现有的电流互感器剩磁影响达到 0.4%。可见剩磁是电流互感器一个不容忽视的问题。

**4. 电磁式电流互感器减小误差的措施**

未经补偿的电流互感器的电流误差为负，适当的补偿方法可以降低数值误差及相位差。

（1）二次绕组匝数补偿。可经由改变互感器的匝数来补偿误差，补偿匝数可为整数也可为分数。

1）整匝数补偿。由式（2-32）电流互感器的磁势平衡原理可知，若二次绕组匝数减小，二次电流将会增加，则电流误差由负向零变化。设二次电流增量为 $\Delta I_2$，补偿后电流误差为 $\varepsilon'_i$，电流误差补偿为 $\varepsilon_b$，$N_b$ 为补偿匝数，有

$$\varepsilon'_i = \frac{K_n(I_2 + \Delta I_2)}{I_1} \times 100\% = \left( \frac{K_n I_2 - I_1}{I_1} + \frac{K_n \Delta I_2}{I_1} \right) \times 100\% = \varepsilon_i + \varepsilon_b \quad (2-43)$$

补偿前二次电流为

$$I_2 = \frac{I_1}{K_n}(1 + \varepsilon) \quad (2-44)$$

假设 $1 + \varepsilon \approx 1$，综合（2-43）和式（2-44）可得

$$\varepsilon_b = \frac{N_2 - N_2^2}{N_2^2} \times 100\% = \frac{N_b}{N_2^2} \times 100\% \qquad (2-45)$$

2) 分匝数补偿。分匝数补偿可避免整匝数补偿导致的过补偿，分匝数补偿有以下几种方法：

a. 二次绕组采用多根导线并绕。图 2-9（a）为二次绕组无抽头电流互感器用两根导线并绕以实现分匝数补偿示意图，图 2-9（b）为二次回路原理图。

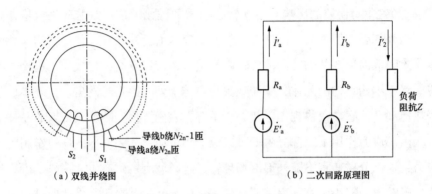

（a）双线并绕图　　　　　（b）二次回路原理图

**图 2-9　双线并绕实现分数匝补偿**

从电路可得出下列方程式

$$\begin{cases} \dot{E'}_a - \dot{I'}_a R_a = \dot{I'}_2 Z \\ \dot{E'}_b - \dot{I'}_b R_b = \dot{I'}_2 Z \\ \dot{I'}_2 = \dot{I'}_a + \dot{I'}_b \end{cases} \qquad (2-46)$$

由磁势平衡，导线 a、b 所绕匝数均为 $N_2$ 时，有式（2-47）

$$\dot{I}_1 N_1 = (\dot{I}_a + \dot{I}_b)N_2 + \dot{I}_0 N_1 \qquad (2-47)$$

补偿后，导线 b 少一匝，有式（2-48）

$$\dot{I}_1 N_1 = \dot{I'}_a N_2 + \dot{I'}_b(N_2 - 1) + \dot{I'}_0 N_1 \qquad (2-48)$$

补偿前后铁芯磁通变化很小，设 $\dot{I'}_0 N_1 = \dot{I}_0 N_1$，将式（2-47）和式（2-48）相减可得

$$(\dot{I}_a + \dot{I}_b)N_2 = (\dot{I'}_a + \dot{I'}_b)N_2 - \dot{I'}_b \qquad (2-49)$$

二次电流的增量为

$$\Delta \dot{I}_2 = \frac{\dot{I'}_2}{N_2} \qquad (2-50)$$

故误差补偿值为

$$\varepsilon_b = \frac{K_n \Delta I_2}{I_1} \times 100\% = \frac{K_n I'_2}{I_1 N_2}\left[\frac{(N_2 - 1)R_a - Z}{N_2(R_a + R'_b) - R_a}\right] \times 100\% \qquad (2-51)$$

假设 $1 + \varepsilon \approx 1$，则可得出

$$\varepsilon_\text{b} = \frac{1}{N_2} \left[ \frac{(N_2 - 1)R_\text{a} - Z}{\dfrac{(N_2 - 1)^2}{N_2}R_\text{a} + N_2 R'_\text{b} + \dfrac{Z}{N_2}} \right] \times 100\% \qquad (2-52)$$

式（2-52）为双线并绕的分数补偿计算式，可见补偿值的大小与绕组导线电阻、负荷大小有关。负荷阻抗减小，补偿值加大；负荷阻抗加大，补偿值减小。

b. 双铁芯分匝数补偿。如图 2-10 所示，铁芯分成上下两部分，将二次导线的第一匝或最末匝仅绕过一个铁芯，其余各匝均绕过两个铁芯。

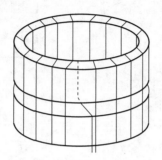

**图 2-10　双铁芯分匝数补偿**

设两个铁芯总截面积为 $S$，少绕一匝的铁芯截面积为 $S_1$，即减少了 $S_1/S$ 匝，故补偿值为

$$\varepsilon_\text{b} = \frac{1}{N_2} \times \frac{S_1}{S} \times 100\% \qquad (2-53)$$

c. 铁芯穿孔实现分匝数补偿。如图 2-11 所示，将最初一匝或最后一匝二次导线从孔中穿过，图中所示的情况为外圆部分的铁芯少绕一匝的情况，设少绕一匝的铁芯截面积为 $S_1$，平均磁路长 $L_\text{bv}$，铁芯截面积 $S$，平均磁路长 $L_\text{av}$，则补偿匝数为

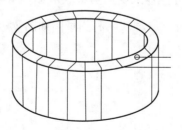

**图 2-11　铁芯穿孔分匝数补偿**

$$\frac{S_1 L_\text{bv}}{S L_\text{av}} \qquad (2-54)$$

则对电流误差补偿的补偿值为

$$\varepsilon_\text{b} = \frac{1}{N_2} \times \frac{S_1 L_\text{bv}}{S L_\text{av}} \times 100\% \qquad (2-55)$$

以上几种是常用的匝数补偿方法，其补偿效果为二次减匝，使得二次电流增加以满足磁势平衡关系，所以补偿了比值差。以上补偿方法，均以励磁电流变化较小，对相位误差改变忽略不计为前提，但比值差的补偿效果有时会呈现出非线性特征，在不同的一次电流时补偿值不一样，补偿措施对相位差的影响也会显现出来，上面的简单计算公式就不适用了。

（2）磁动势补偿。将补偿电流 $\dot{I}_p$ 输入电流互感器匝数为 $N_p$ 的补偿绕组，为电流互感器提供磁动势 $\dot{I}_p N_p$，以补偿励磁电流安匝所产生的误差，如图 2 – 12 所示。

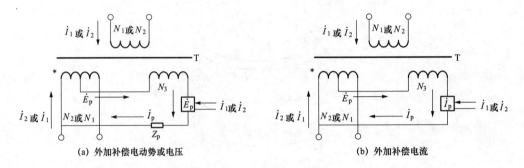

(a) 外加补偿电动势或电压      (b) 外加补偿电流

图 2 – 12 磁动势补偿

补偿绕组 $N_p$ 可以为部分或全部一次绕组 $N_{1p}$ 或二次绕组 $N_{2p}$ 或者另绕的三次绕组 $N_3$。$\dot{I}_p$ 可由电流 $\dot{I}_1$ 或 $\dot{I}_2$ 产生，或者通过 $\dot{I}_1$ 或 $\dot{I}_2$ 产生的电动势或电压 $\Delta\dot{E}$（包括外加电动势或电压 $\dot{E}_e$ 和 $N_p$ 绕组的感应电动势 $\dot{E}_p$），加在阻抗上而得到，由补偿绕组的极性端输入，补偿磁动势为 $\dot{I}_p N_p$。

（3）电动势补偿。电流互感器二次回路串联电动势 $\dot{E}_c$，补偿原有感应电动势 $\dot{E}_2$，实现对误差的补偿。电动势补偿原理线路和相量图如图 2 – 13 所示。补偿电动势只能由一次电流产生。且有二次电流通过。

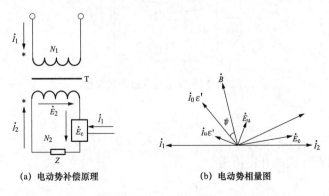

(a) 电动势补偿原理      (b) 电动势相量图

图 2 – 13 电动势补偿原理线路和相量图

设 $\dot{E}_{\mathrm{c}}$ 的内阻抗很小略去不计，原来电流互感器二次回路总阻抗不变，二次感应电动势 $\dot{E}_2$ 不变，加入补偿电动势 $\dot{E}_{\mathrm{c}}$ 后，取代了部分 $\dot{E}_2$，使得电流互感器提供的二次感应电动势由 $\dot{E}_2$ 减小为 $\dot{E}_{\mathrm{u}}$，铁芯所需的励磁电流也由原来的 $\dot{I}_0$ 减小为 $\dot{I}_{0\mathrm{u}}$，误差也由 $\varepsilon$ 减小为 $\varepsilon'$，$\varepsilon'$ 就是经过电动势补偿后的电流互感器误差。补偿后的二次感应电动势为

$$\dot{E}_{\mathrm{u}} = \dot{E}_2 - \dot{E}_{\mathrm{c}} \tag{2-56}$$

$$\varepsilon' = \dot{I}_{0\mathrm{u}}N_1 / \dot{I}_2N_2 = f' + \mathrm{j}\delta' \tag{2-57}$$

如果补偿电动势 $\dot{E}_{\mathrm{c}}$ 的相量图如图 2-13（b）所示，则补偿后的感应电动势 $\dot{E}_{\mathrm{u}}$ 减小，励磁电流 $\dot{I}_{0\mathrm{u}}$ 减小，误差减小，同时减小了误差曲线的陡度和变差。电动势补偿的主要问题在于补偿电动势的产生，一种补偿电动势就是一种补偿方法，就有相应的补偿效果。

（4）圆环磁分路补偿。在环形铁芯中，磁分路可以安装在铁芯两侧，但结构比较复杂，可做成一个圆环安装在铁芯的外周，其示意图和原理图如图 2-14 所示，磁分路是圆环，故称为圆环磁分路补偿，圆环磁分路由冷轧硅钢片带卷制而成，截面积很小，一般只有数片硅钢片。

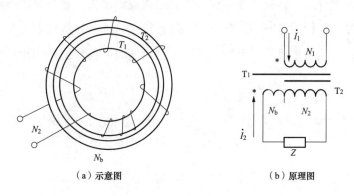

（a）示意图　　　　　　　（b）原理图

**图 2-14　圆环磁分路补偿**

为了具有更好的补偿效果，磁分路的铁芯片数必须是整数片，且卷制成小铁芯时，头尾必须搭接 $40\sim60\mathrm{mm}$，这样搭接处的空气隙可以略去不计，即要求磁分路是完整的圆环，且沿着圆环各处的磁密基本相等。磁分路最好与主铁芯同时卷制，并同炉热处理，或者与主铁芯卷在一起，使用时再从主铁芯上的外周取下，即希望磁分路与主铁芯具有同样的磁性能，补偿效果好。

圆环磁分路的补偿结构是在主铁芯 $T_1$ 上绕制一次绕组和二次绕组，而在磁分路 $T_2$ 上，二次绕组上少绕 $N_{\mathrm{b}}$ 匝，$N_{\mathrm{b}}$ 称为磁分路补偿匝数。

圆环磁分路的励磁电流安匝为

$$\dot{I}_1 N_1 + \dot{I}_2 (N_2 + N_b) = \dot{I}_0 N_1 - \dot{I}_2 N_b \approx -\dot{I}_2 N_b = \dot{H}_b l_b \qquad (2-58)$$

式中  $H_b$——磁分路磁场强度；

$l_b$——磁分路平均磁路长度。

圆环磁分路的二次感应电动势为

$$E_e = (N_2 - N_b) B_b S_b k / 45 \qquad (2-59)$$

式中  $B_b$——磁分路磁密；

$S_b$——磁分路截面；

$k$——铁芯叠片系数。

$\dot{E}_u = \dot{E}_2 - \dot{E}_e$ ，根据此可计算出磁分路补偿后的误差 $\varepsilon'$ ，相量图如图 2-15 所示。

图 2-15 中磁分路的磁密 $\dot{B}_b$ 由 $-\dot{I}_2$ 即 $\dot{I}_1$ 励磁产生，滞后于 $\dot{I}_1$ 角 $\psi_b$ ， $\psi_b$ 为磁分路的损耗角， $\dot{E}_e$ 滞后于 $\dot{B}_b$ 角度为 $90°$ 。当 $\dot{E}_e$ 与 $\dot{E}_2$ 同相时补偿效果最好。这时 $90° - \psi_b = \alpha$ 。二次负荷功率因数为 $0.8$ ， $\dot{E}_2$ 的角度 $\alpha$ 约为 $30°$ ，而冷轧硅钢片铁芯的损耗角约为 $60°$ ，由此可见，只有在磁分路最大损耗角下，才可能达到 $\dot{E}_e$ 与 $\dot{E}_2$ 同相，误差才能得到最好的补偿。铁芯损耗角最大时，磁导率也最大。因此在 $5\% \sim 10\%$ 额定电流下选择损耗角和磁导率最大的磁分路，其补偿增量也最大。电流逐渐增大，磁分路趋于饱和，损耗角和磁导率均下降，补偿增量减小，到 $120\%$ 额定电流时，磁分路严重饱和，损耗角和磁导率显著下降，补偿增量很小。上述非线性补偿可同时补偿比值差和相位差。

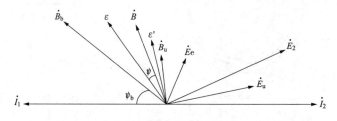

图 2-15  圆环磁分路补偿相量图

## 第二节  误差测量系统

### 一、测量系统构成

JJG 1021—2007 检定规程推荐的电流互感器现场校验方法为比较法，即将被检电流互感器与同电流比的标准电流互感器进行比较，二者的二次电流的差流，输入误差测量装置进行测量，误差测量装置读出被试电流互感器相对于标准电流互感器的比值差 $f$ 和

相位差 $\delta$ ；被试电流互感器的比值差 $f_x$ 和相位差 $\delta_x$ 为

$$f_x = f + f_0 \qquad\qquad (2-60)$$

$$\delta_x = \delta + \delta_0 \qquad\qquad (2-61)$$

注：标准电流互感器的比值差为 $f_0$ 和相位差为 $\delta_0$ 。

JJG 1021—2007 检定规程规定，当标准电流互感器的准确等级比被试互感器高两级时，标准电流互感器的误差可略去不计。于是

$$f_x = f \qquad\qquad (2-62)$$

$$\delta_x = \delta \qquad\qquad (2-63)$$

由互感器校验仪直接读出被试电流互感器的比值差和相位差。

特高压电流互感器现场误差测量系统由大电流升流电源、标准电流互感器、被试电流互感器、电流负荷箱和互感器校验仪组成。大电流升流电源主要由调压装置、升流器、补偿装置组成，对于不同被试电流互感器大电流升流电源的配置不同，本章节将详细描述特高压电流互感器误差用大电流电源、标准器。

JJG 1021—2007 检定规程规定对电流互感器现场检测设备配置和要求如下：

（1）试验电源。电源频率 50Hz $\pm$ 0.5Hz，波形畸变系数不大于 5% 。

（2）标准电流互感器。使用的标准电流互感器变比应和被检电流互感器相同，准确度至少比被检互感器高两个等级，在检定环境下的实际误差不大于被检互感器基本误差限值的 1/5 。

标准器的变差，应不大于它的误差限值的 1/5 。

标准器的实际二次负荷，应不超出其规定的上限与下限负荷范围。如果需要使用标准器的误差检定值，则标准器的实际二次负荷与其检定证书规定负荷的偏差，应不大于 10% 。

（3）用于电流互感器试验的电流负荷箱，在接线端子所在的面板上应有额定环境温度区间、额定频率、额定电流、额定功率因数、外部接线电阻数值的明显标志。JJG 1021—2007 检定规程推荐的额定温度区间为：低温型 – 25 ~ 15℃，常温型 – 5 ~ 35℃，高温型 15 ~ 55℃。检定时使用的电流负荷箱的额定环境温度应该能覆盖检定时实际环境温度范围。

在规定的环境温度区间，电流负荷箱在额定频率和额定电流的 80% ~ 120% 范围内，有功和无功分量相对误差不超过 $\pm$ 6% ，残余无功分量不超过额定负荷的 $\pm$ 6% 。在其他规定的电流百分数下，有功和无功分量的相对误差均不超过 $\pm$ 9% ，残余无功分量不超过额定负荷的 $\pm$ 9% 。

（4）误差测量装置。误差测量装置的比值差和相位差示值分辨力应不低于 0.001%

和 0.01′。在检定环境下，误差测量装置引起的测量误差，应不大于被检互感器基本误差限值的 1/10。其中差值回路的二次负荷对标准器和被检互感器误差的影响均不大于他们误差限值的 1/20。

## 二、电源装置

特高压电流互感器现场误差测量系统要求具备对于 1000kV 特高压电流互感器在现场与 GIS 断路器安装前和安装后误差测量的升流能力，能够为特高压电流互感器和标准电流互感器提供 60～7200A 的一次电流。

特高压电流互感器现场误差测量原理图如图 2 - 16 所示，电源系统由调压控制单元、无功补偿单元、升流器单元组成。

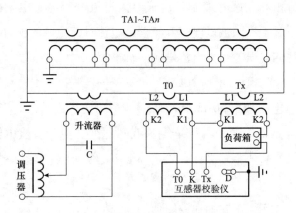

**图 2 - 16　特高压电流互感器现场误差测量原理图**
T0—标准电流互感器；Tx—被测电流互感器；C—补偿电容器；TA1～TAn—回路中其他电流互感器

现场试验一般分为安装前试验和安装后试验，安装前试验一次回路主要由试验需要的大电流导线、升流器一次回路阻抗、标准电流互感器一次回路阻抗、被试电流互感器一次回路阻抗和连接端子阻抗及接触电阻构成，总阻抗约为 2.5mΩ，试验最大电流为 7200A，升流器所需一次电压为 18V 左右。

安装后试验一般是连同一台断路器试验，被试电流互感器和断路器的导体安装到位，与该断路器和被试电流互感器相关的其他部分还未安装，试验时需要厂家提供和被试一次导体连接的工装件，此时一次回路阻抗主要由试验需要的大电流导线、断路器一次回路阻抗、升流器一次回路阻抗、标准电流互感器一次回路阻抗、被试电流互感器一次回路阻抗和连接端子阻抗及接触电阻构成，总阻抗约为 7～8mΩ，试验最大电流为 7200A，升流器所需一次电压约为 50～60V。

（一）调压单元

调压单元一般为电工型调压器或者功率电子电源，调压单元输出电压为单相，输出

频率为 50Hz ± 0.5Hz，波形为正弦波，波形畸变系数不大于 5%。输出电压的零位不应
超过调压单元的额定输出电压的 5% 且满足在配套升流器使用时最小输出电流可准确调
节额定一次电流的 1%，输出最大电压与配套升流器使用时输出电流最大满足额定一次
电流的 120%，最小调节细度不大于 0.1V。

电工型调压器被广泛地应用于工频试验中的升流、升压调节，其输出频率和波形由
电网电源保证，输出电压波形不失真（输出电压波形畸变率不大于 1%），输出电压可
从零电压起始调节，瞬时过载能力强，空载电流和空载损耗小，效率高，噪声低，寿命
长，适应各种感性、容性、电阻负载使用的。

功率电子电源可将三相电源转变成单相可调电源，不仅减小了每相的输入电流，也
避免了因电源三相不平衡而造成的保护性关断（低压三相大容量开关一般设置了三相不
平衡保护，当不平衡电流达到保护动作阈值电流时，会自动切断电源），但是功率电子
电源在输出功率较小、输出电压很低的情况下容易出现输出不稳定、波形失真的现象，
谐波分量较大，不能满足电流互感器 1%、5% 电流点误差检测的要求。

对于交流特高压电流互感器进行现场误差检测时，通常用电工型调压器作为调压电
源，电工型调压器一般采用接触式、电动调压器，减轻操作劳动强度。普通的电工调压
器设计匝电压为 1V 左右，输入电压为单相交流 380V，输出电压为单相交流 0 ~ 400V，
对于 1%、5% 电流点也无法实现精准定位，且输出电压 400V，无功补偿电容的电压低、
电流大、电容量大，设计困难且体积大、重量重。为解决上述问题，使用倍压串联式宽
范围双调压器，其输出电压可达输入电压 2 倍，电压调节细度可达 0.05V 左右。倍压串
联式宽范围双调压器原理图如图 2 – 17 所示。

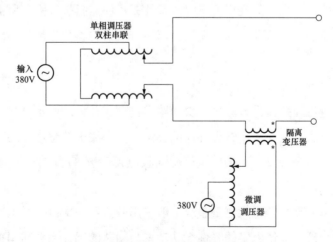

图 2 – 17　倍压串联式宽范围双调压器原理图

倍压串联式宽范围双调压器采用了倍压技术，输出电压为输入电压 2 倍，实现电压的宽范围调节；采用电工式调压器及隔离变压器组成的串联式双调压器，主调压器输出 0 ~ 760V，辅助调压器和降压隔离变压器组成辅助微调单元，该单元经过隔离并降压后，输出为 0 ~ 20V，一般的电工式调压器匝电压为 0.8 ~ 1.2V，经隔离降压（400V/20V，变比 20/1），匝电压为 0.04 ~ 0.06V，在升小电流时，可以使用辅助微调单元调节，调节细度为 0.04 ~ 0.06V，能够实现小电流点的调节和精准定位。

（二）升流器

升流器又叫大电流发生器、大电流测试设备、大电流试验装置，其带载能力适用于检测电流互感器变比、误差。升流器实质上是一种双绕组降压变压器，理论上一次侧和二次侧的功率相等，运行时一、二次侧的电压与电流成反比，通过降低输出电压，达到升高负载电流的目的。

升流器主要指标为额定容量、输入电压、输出电压，结构一般为穿心式或母排输出式，穿心式输出电压通常用匝电压表示，可以单匝或多匝复绕输出。升流器输出电压与一次回路电流的乘积不能超过升流器额定功率。当回路阻抗较大时，可以采用穿心多匝的方式提高升流器输出电压，以获得所需一次电流，同样输出电压和一次回路电流乘积不能超过升流器额定功率；如果单台升流器穿心多匝提高了电压但是与一次回路电流乘积超过了单台升流器额定功率时，则表明升流器容量不足，这时需要采用多台升流器串联的方式提高输出电压同时获得所需的一次电流。升流器穿心时应尽量居中、对称、紧密缠绕在铁芯线包上，增加与铁芯的耦合度，尽量减少漏磁。单台升流器的容量不易过大，这样不仅体积大、设备笨重，还因为自身漏抗大、损耗大，使用效率不高。

交流特高压电流互感器的现场检测时，往往一次回路阻抗很大，所需升流器容量也很大，这样就需要多台升流器串并联使用，每台升流器的参数应尽量一致，使用时极性要一致。

（三）无功补偿装置

交流特高压电流互感器误差测量一次回路阻抗存在较大的电抗分量，电源需要提供较大的无功分量，所以往往采用电容补偿的方法，使回路中的感性无功功率和容性无功功率相互平衡，从而达到减小调压单元及试验电源容量的目的，原理图如图 2 - 18 所示。

交流特高压电流互感器误差测量系统一般采用升流器一次侧并联电容补偿方式，只要补偿电容选择合理，补偿电容的容性无功功率与回路的感性无功功率抵消，使得电源和调压器容量只需要提供回路的有功消耗，大幅度减小电源和调压器容量需求。

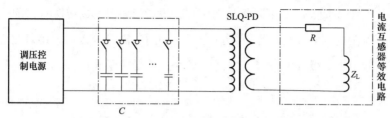

SLQ-PD—升流器；C—并联补偿电容器组；R—回路等效电阻；$Z_L$—回路的等效感抗

**图2-18 升流器原边并联电容器补偿电路**

### 三、标准装置

1000kV 交流特高压电流标准装置又称 1000kV 交流特高压标准电流互感器，用于与互感器校验仪、升流电源以及负荷箱配合，测量比它准确度等级低的、同变比的特高压电力电流互感器误差。

我国交流特高压电流互感器（计量/测量）包括 1250A/1A、1500A/1A、2500A/1A、3000A/1A、5000A/1A、6000A/1A 变比，准确度等级为 0.2S 级或 0.2 级。因此特高压标准电流互感器必须包含 1250A/1A、1500A/1A、2500A/1A、3000A/1A、5000A/1A、6000A/1A 变比，且准确度等级需等于或优于 0.05S 级。

为满足交流特高压电流互感器的误差测量，特高压标准电流互感器采用多变比设计，一般为二次绕组抽头，如图 2-19 所示，图中 LA、LB 为穿心 1 匝，K1～K$N$ 为二次绕组及其抽头。使用时一般都通过专用的接线排直接标明相应电流比的一次和二次接线。

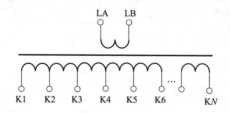

**图2-19 特高压标准电流互感器绕组及其抽头**

JJG 313—2010《测量用电流互感器》检定规程规定了测量用电流互感器在不同准确度等级下的误差限值，见表2-1和表2-2。并且规定，电流互感器必须在额定负荷 $Z_B$、下限负荷 $Z_X$ 下和工作电流的范围即 1% 或 5%～120% 额定电流内，比值差和相位差均不超过相应准确等级的误差限值。

标准电流互感器的二次负荷，就是其二次所接的互感器校验仪工作电流回路的电阻，一般为 0.1Ω，且接近为纯电阻，加上连接导线等于或小于 0.2Ω。因此一般标准电流互感器二次负荷为0.2Ω，即5VA，下限负荷为0.1Ω，即2.5VA，功率因数1，即纯电阻。

电流互感器在电流上升与电流下降过程中，相同电流百分点误差结果之差称为升降变差，作为标准用0.2级以上电流互感器升降变差不得大于表2-1和表2-2中所列其误差限值的1/5。

表2-1 测量用电流互感器误差限值

| 准确度级别 | 比值误差（±） | | | | | 相位误差（±） | | | | |
|---|---|---|---|---|---|---|---|---|---|---|
| | 倍率因素 | 额定电流下的百分数值 | | | | 倍率因素 | 额定电流下的百分数值 | | | |
| | | 5 | 20 | 100 | 120 | | 5 | 20 | 100 | 120 |
| 0.5 | % | 1.5 | 0.75 | 0.5 | 0.5 | (′) | 90 | 45 | 30 | 30 |
| 0.2 | | 0.75 | 0.35 | 0.2 | 0.2 | | 30 | 15 | 10 | 10 |
| 0.1 | | 0.4 | 0.2 | 0.1 | 0.1 | | 15 | 8 | 5 | 5 |
| 0.05 | | 0.10 | 0.05 | 0.05 | 0.05 | | 4 | 2 | 2 | 2 |
| 0.02 | | 0.04 | 0.02 | 0.02 | 0.02 | | 1.2 | 0.6 | 0.6 | 0.6 |
| 0.01 | | 0.02 | 0.01 | 0.01 | 0.01 | | 0.6 | 0.3 | 0.3 | 0.3 |
| 0.005 | $10^{-6}$ (rad) | 100 | 50 | 50 | 50 | $10^{-6}$ (rad) | 100 | 50 | 50 | 50 |
| 0.002 | | 40 | 20 | 20 | 20 | | 40 | 20 | 20 | 20 |
| 0.001 | | 20 | 10 | 10 | 10 | | 20 | 10 | 10 | 10 |

表2-2 s级测量用电流互感器误差限值

| 准确度级别 | 比值误差（±） | | | | | | 相位误差（±） | | | | | |
|---|---|---|---|---|---|---|---|---|---|---|---|---|
| | 倍率因素 | 额定电流下的百分数值 | | | | | 倍率因素 | 额定电流下的百分数值 | | | | |
| | | 1 | 5 | 20 | 100 | 120 | | 1 | 5 | 20 | 100 | 120 |
| 0.5 | % | 1.5 | 0.75 | 0.5 | 0.5 | 0.5 | (′) | 90 | 45 | 30 | 30 | 30 |
| 0.2 | | 0.75 | 0.35 | 0.2 | 0.2 | 0.2 | | 30 | 15 | 10 | 10 | 10 |
| 0.1 | | 0.4 | 0.2 | 0.1 | 0.1 | 0.1 | | 15 | 8 | 5 | 5 | 5 |
| 0.05 | | 0.10 | 0.05 | 0.05 | 0.05 | 0.05 | | 4 | 2 | 2 | 2 | 2 |
| 0.02 | | 0.04 | 0.02 | 0.02 | 0.02 | 0.02 | | 1.2 | 0.6 | 0.6 | 0.6 | 0.6 |
| 0.01 | | 0.02 | 0.01 | 0.01 | 0.01 | 0.01 | | 0.6 | 0.3 | 0.3 | 0.3 | 0.3 |
| 0.005 | $10^{-6}$ (rad) | 100 | 75 | 50 | 50 | 50 | $10^{-6}$ (rad) | 100 | 75 | 50 | 50 | 50 |
| 0.002 | | 40 | 30 | 20 | 20 | 20 | | 40 | 30 | 20 | 20 | 20 |
| 0.001 | | 20 | 15 | 10 | 10 | 10 | | 20 | 15 | 10 | 10 | 10 |

## 四、测量装置

电流互感器误差校验用测量装置与电压互感器误差校验用测量装置相同，详细描述见第一章。

# 第三节　典型案例分析

## 一、试验方案

### （一）试验对象

试验对象为某特高压交流输变电工程中的变电站用于关口计量和测量的 GIS 电流互感器（以下或称 TA）制造单位分别为河南平高电气股份有限公司、西安西电高压开关有限责任公司、新东北电气（沈阳）高压开关有限公司。

各制造单位所生产 TA 的主要技术参数：

1. 制造商：河南平高电气股份有限公司

TA 型号：ZF27 – 1100（L）

额定变比：1500A/1A、3000A/1A、6000A/1A

准确度等级：0.2S 级、0.2 级

额定二次负荷：5VA、10VA、$\cos\varphi = 0.8$

2. 制造商：西安西电高压开关有限责任公司

TA 型号：LMZH1 – 1100

额定变比：1500A/1A、3000A/1A、6000A/1A

准确度等级：0.2S 级

额定二次负荷：4VA、8VA、$\cos\varphi = 0.8$

3. 制造商：新东北电气（沈阳）高压开关有限公司

TA 型号：LRZ6 – 1100

额定变比：1500A/1A、3000A/1A、6000A/1A

准确度等级：0.2S 级

额定二次负荷：5VA、10VA、$\cos\varphi = 0.8$

### （二）试验内容与目的

1. 试验内容

某特高压交流输变电工程中三个特高压变电站用于关口计量和测量的电流互感器现

场误差测量。

2. 试验目的

确保该特高压交流输变电工程中用于关口计量和测量的电流互感器在投入使用时误差符合相关交接验收标准和规程要求。

（三）试验依据

（1）JJG 1021—2007《电力互感器》

（2）DL/T 313—2010《1000kV 电力互感器现场检验规范》

（3）GB/T 50832—2013《1000kV 系统电气装置安装工程电气设备交接试验标准》

（四）试验条件及准备工作

（1）环境气温 $-15 \sim 45℃$，相对湿度不大于 95%，试验电源频率为 $50Hz \pm 0.5Hz$，波形畸变不大于 5%，并在试验记录上记载。

（2）现场试验用供电的三相电源应有足够的容量，采用其中的两相供电，电源可以提供的电流不低于 200A，且稳定性好，能保证测量过程顺利进行。

（3）试验前，试验负责人应充分收集图纸材料及出厂试验报告等相关技术资料，熟悉设备技术参数，了解试验现场条件，必要时应预先进行现场勘察，确定符合电气安全距离的试验区域和试验条件。

（4）现场试验人员应具备必要的电气知识和高压试验技能，能正确操作试验设备，了解被试设备有关技术标准要求，能正确分析试验结果；此外，现场试验人员还应熟悉现场安全作业要求，并经《电力安全工作规程》考试合格，主试人员应具备国家相关试验项目计量检定员证。

（5）试验设备安装并准确连接后，由现场试验负责人检查接线回路。

（6）在试验场地周围装设安全围栏，并派专人看守。

（五）误差测量

1. 试验原理

在 GIS 安装前进行 TA 误差试验，且在全电流下用比较法直接进行误差测量。套管式 TA 误差测量基本线路如图 2-20 所示。

2. 试验接线

某交流特高压输电工程的套管式 TA 的安装结构为两种，一种是由河南平高电气股份有限公司生产的断路器单元两侧套管式结构的 TA，另一种是分别由西安西电高压开关有限责任公司和新东北电气（沈阳）高压开关有限公司生产的分体式安装结构的 TA。这两类设备试验回路接线和试验设备的布置有所不同，可分别参照图 2-21、图 2-22 进行接线和布置。

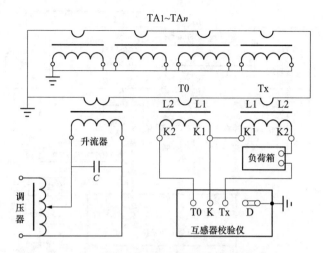

**图2－20 套管式电流互感器误差测量原理线路**

T0—标准电流互感器；Tx—被测电流互感器；C—补偿电容器；TA1～TAn—回路中其他电流互感器

平高结构 TA 现场试验接线示意图如图2－21所示。在图2－21中，现场试验一次回路阻抗一般可按 7～8mΩ 考虑，当试验电流为 7200A 时，所需升流器输出电压为 50.4～57.6V，采用 3 台升流器（630V/20.4V）一次侧并联、二次侧串联的方式进行工作。调压器额定输出电压为 760V，在这种电源配置方式下电源电压降到额定电压的 80% 时还能保证试验正常进行，试验电流能达到规程规定的 7200A。

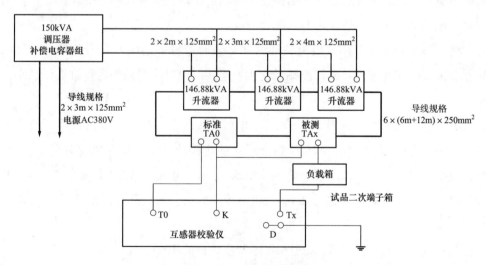

**图2－21 供电回路及试验一次电流回路连接图（平高结构）**

新东北和西电结构的 TA 现场试验接线示意图如图2－22所示。该种接线的现场试验一次回路阻抗最大按 2.5mΩ 考虑，当试验电流为 7200A 时，所需升流器输出电压为 18V。采用 2 台升流器（380V/10V）一次侧并联、二次侧串联的方式进行工作。

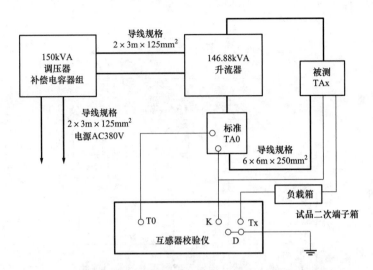

**图 2 – 22　供电回路及试验一次电流回路连接图（新东北和西电结构）**

3. 试验程序

（1）试验电源接线。试验前，应确认好试验设备的现场布局，车载设备定位后，即可将试验电源电缆通过断路器（断路器处于分闸状态）引至调压器，并连接好调压器到升流器的电缆，要注意极性不能接错，误差测量前，应先在无补偿的情况下，初步测一下试验一次回路参数，再根据回路参数计算出电容器的补偿量并合理配置。校验仪的供电电源与主试验电源通常使用电源的不同相别，以免电源压降干扰仪器工作。为确保安全，试验电源接线工作应由两人配合完成。

（2）一次回路连接。用大电流软导线（必要时应考虑绝缘）把升流器、标准电流互感器及被试电流互感器一次回路端子连接，连接前应对接线端子进行打磨以减小接触电阻。

（3）二次回路连接。接线前，先打开电流互感器二次端子接线盒，拆下被测绕组的二次引线，并作相应的标记和绝缘措施后（防止接地短路和恢复接线时接错），再进行回路接线。接线时，将被试绕组的极性端 S1 与标准电流互感器 K1 端连接，再与互感器校验仪的 K 端子连接，非极性端 S2 与负荷箱串联后，再与互感器校验仪的 Tx 端子连接。

连接标准电流互感器的 K2 端子和互感器校验仪的 T0 端子。

注：测量回路中其他电流互感器的二次绕组均应短接接地。

（4）预通电测量。电源合闸后，平稳地升起一次电流至额定值 1% ~ 5% 的某一值，测量误差。如未发现异常，可升到测量电流，再降到接近零的值准备正式测量。如有异常，应排除后再试测。

（5）误差测量。确认无误后，即可根据 JJG 1021—2007 将负荷箱置上限负荷，对被试电流互感器升流并在 $1\% I_N$（对 0.2S 级）、$5\% I_N$、$20\% I_N$、$100\% I_N$ 和 $120\% I_N$ 进行误差测量，然后置下限负荷按 $1\% I_N$（对 0.2S 级）、$5\% I_N$、$20\% I_N$ 和 $100\% I_N$ 测量点再测量一次，得到下限负荷下的误差。如果误差不合格，应对被试电流互感器退磁。测量结果以退磁后误差为准。

（6）测量完毕后，拆除一、二次试验接线，恢复运行接线，转入下一台电流互感器的误差测量。

4. 试验设备

特高压电流互感器校验装置参数及配置见表 2-3，交流特高压电流互感器试验设备实物图如图 2-23 所示。

表 2-3　特高压电流互感器校验装置参数及配置

| 序号 | 设备名称 | 技术参数 | 数量 |
|---|---|---|---|
| 1 | 综合型调压控制箱 | 额定容量：150kVA<br>补偿容量：593.75kVA，最小补偿细度为 6.25kVA<br>输入电压：380V/两相<br>输出电压：0~760V/两相<br>波形畸变：<3% | 1 台 |
| 2 | 升流器 | 单台输入电压：630V<br>单台额定容量：146.88kVA<br>最大输出电流：<br>7.2kA（开口电压 17V）<br>7.2kA（开口电压 20.4V）<br>3 台能够灵活串并联使用 | 3 台 |
| 3 | 标准电流互感器 | 准确度等级：0.02S 级<br>额定频率：50Hz<br>一次电流：1000~10000A<br>二次电流：5、1A<br>额定容量：5、1VA<br>功率因数：1.0 | 1 台 |
| 4 | 互感器校验仪 | 准确度：2 级 | 1 台 |
| 5 | 特高压专用电流互感器负荷箱 | 额定电流：5、1A<br>功率因数：0.8、1.0<br>额定容量：2.5~60VA<br>准确度等级：±3%<br>旋转开关，带定位设计 | 2 台 |

续表

| 序号 | 设备名称 | 技术参数 | 数量 |
|---|---|---|---|
| 6 | 大电流导线 | 额定电流：1000A<br>线　　径：250mm²<br>长　　度：10m<br>数　　量：6 根<br>额定电流：1000A<br>线　　径：250mm²<br>长　　度：6m<br>数　　量：6 根<br>带有连接头和连接螺栓 | 1 套 |
| 7 | 电源线盘及附件 | 电源线：1 组<br>输出电压：380V<br>输出电流：400A<br>长度：30m/盘<br>可排线、收线，可拖动，便于移动及运输。<br>125mm²650V 3m 电源线 4 根<br>125mm²650V 2m 电源线 2 根<br>125mm²650V 4m 电源线 2 根<br>配套的二次接线、电源线、输出线、接地线、设备间的短接线、铜排等 | 1 套 |

**图 2－23　交流特高压电流互感器试验装置实物图**

（六）试验结果判断

依据 JJG 1021—2007 等相关国家标准和规程要求，计量和测量用 TA 误差应满足相应准确级要求。

（七）现场配合工作

（1）现场试验配合单位（施工方）应提供一台不小于16t吊车（含司机与配合人员），临时用于设备吊装就位。

（2）协助解决试验用动力电源（输出电压380V、输出电流不小于200A）并引至试验区域。

（八）安全措施

（1）所有试验人员必须经过严格培训，考试合格并取得相应证件后，方可上岗操作，参加试验的人员必须严格遵守《电力安全工作规程》相关规定。

（2）试验前，试验负责人应填写DL 408—1991《电业安全工作规程（发电厂和变电所电气部分）》附录上第一种工作票。工作票签发后，试验工作负责人应前往工作地点，核实工作票各项内容确实完整无误，然后在工作票上签名，开始试验工作。

（3）进入试验现场，试验人员必须戴安全帽，穿安全鞋，进行高空作业时还应系好安全带。

（4）进行电源接线时，应首先接通调压器输出端后端的接线，检查无误后，再连接调压器输入端到电源的接线，电源与调压器输入端必须经由断路器连接，在没有进行试验的时候，断路器必须在关闭状态。在进行电源连接前，应检查，电源无输出电压后再连接。

（5）试验器具的金属外壳应可靠接地，试验仪器与设备的接线应牢固可靠。

（6）开始试验前，负责人应对全体试验人员详细说明在试验区应注意的安全注意事项。

（7）试验过程应有人监护并呼唱，试验人员在试验过程中注意力应高度集中，防止异常情况的发生。当出现异常情况时，应立即停止试验，查明原因后，方可继续试验。

（8）现场试验负责人应指定一名或若干名具有一定工作经验的人员担任安全监护人。安全监护人负责检查全部工作过程的安全性，发现不安全因素，应立即通知暂停工作并向现场试验负责人报告。

（9）试验完成后应按原样恢复所有接线，试验负责人会同现场单位指定的责任人检查无误后，交回工作票。

**二、常见问题分析**

以下介绍对特高压大电流互感器现场试验易碰到的问题进行分析。

电流互感器现场误差检测时，要注意大电流电源和回路阻抗是否匹配，电流源容量是否满足要求，同时还需清楚电源回路各点（包括补偿回路、一次回路和供电电源的输入输出回路）的电流大小情况和导线截面积是否对应，各大电流连接点必须保持可靠连接并有足够的接触面积，关注各连接点的实时温度。电流互感器误差检测使用的方法是比较测差法，要求标准电流互感器和被试电流互感器变比完全一致，同时流过标准电流互感器的电流和流过被试电流互感器的电流要求严格相等，一次回路和二次回路分别有且仅有一个接地点。

### 1. 不能升流

不能升流一般表现为百分表没有显示，出现一次回路没有大电流现象大都是试验装置或被试互感器的一次回路开路所致，此时要根据现场接线或者试验装置情况进行排查。如某发电厂有一只500kV电流互感器在做计量绕组误差试验中，出现升流时电流互感器校验仪百分比显示为零、电流一点都升不上去的情况，当时用该套试验装置改做另一只互感器的试验，升流正常，经检查是被试互感器一次不通导致，确认了一次电流升不上去的原因是该一次回路开路所致。

有时一次侧有大电流，是二次接线错误或者二次导线内部不通导致的二次开路所致，因此遇见百分表没有显示时要确认是不是一次回路没有大电流。

### 2. 升流过程中突然发生一次电流剧烈波动

发生这种现象的原因往往是一次试验回路导线间连接不紧导致，一般有导线与被试品的接入点压接松动，或者压接面之间有螺丝垫圈而导致压接不牢，这种情况要非常重视，接触不好的地方热量会很大，容易产生事故，有时产生火花，情况恶劣时甚至烧坏压接面的铜材。

### 3. 分析电流互感器测量系统是否正常

测量系统搭建完毕后，误差测量时，改变二次负荷，观察误差的变化是否正常。根据电磁式电流互感器的工作原理和设计原则，上限负荷与下限负荷的误差变化应接近于误差限值的 $0.4 \sim 1.0$ 倍。如果不符合这一规律，应检定负荷箱是否正常，检查测量系统接线是否正确。可以用互感器校验仪的阻抗挡测量负荷，也可以用直流电阻表测电阻，检查测量值与理论值的一致程度，排除负载箱本身是否正常的情况。

### 4. 测量中易导致电流互感器超差的因素

电磁式电流互感器运行时匝间电压并不高，一般不会发生绝缘故障，一般来说误差较为稳定。发现电流互感器超差时，应重点检查测量接线和设备是否正常。

（1）检查一次回路和二次回路是否有多点接地现象。电流互感器一次回路的两端一般都有接地开关，测量误差时只能合上一个，如果两个同时合上，就会造成一次电流旁路，引起异常误差；部分电流互感器二次有抽头绕组，该绕组接有速饱和电抗器等元件，形成二次电流旁路；接线过程中短接其他电流互感器二次绕组时，把需要测量的互感器二次绕组误短接。

（2）二次引下线故障。如果二次电流不是从互感器本体的接线端子盒引出，可以改接到互感器本体端子盒再测量误差。发生这种情况是由于二次下引线中间可能发生绝缘不良故障，产生旁路电流，也会使误差结果异常。

（3）互感器校验仪故障。当发现测量误差示值异常时，包括误差很小或很大，应检查互感器校验仪是否正常。检查的方法是改变二次负荷，观察误差变化大小和方向是否合理。

（4）操作机构分流。在通过 GIS 接地开关加流的电流互感器试验中，互感器 A、B、C 三相中其中一相误差超差（如 A 相）而其他两相误差合格，其原因是在 A 相装设的控制机构在试验时由于其和接地开关分合关联关系对该相造成了分流，此时只要把该机构的航空插头拔掉继续做试验，就可以证明 A 相电流互感器误差是否符合要求。

（5）接地开关分合不到位。在通过 GIS 接地开关加流的电流互感器试验中，需要合上被试电流互感器两端的接地开关，有的接地开关合闸指示标识看似正确了但其内部的接地开关实际并没有合上到位，一次回路处于开路状态，电流无法升起来从而导致试验无法进行。

（6）一次相间分流。在通过 GIS 接地开关加一次电流的电流互感器试验中，互感器 A、B、C 三相出现其中相邻的两相误差超差，其原因有可能是试验时被试电流互感器有一端接地开关合闸后，虽然该接地开关与 GIS 外壳连接片断开后已经和地分开了，不存在与地的分流关系，但是该接地开关的分合机构的联杆有可能导通两相甚至三相，造成相间分流，此时应仔细检查联杆部件，必要时拆掉联杆，排除相间分流。

（7）电流互感器二次回路接线或短接不当。在误差试验接线中，需要短接一次试验电流流经的所有非试验电流互感器二次绕组，但是被检测绕组不能短接，需要把被试电流互感器二次与标准电流互感器二次串联后按照接线要求连接好校验仪和负载箱。有的电流互感器二次绕组设计有多个抽头如 S1 - S2 - S3 - S4，S1 - S2 为一个变比，S1 - S3 为一个变比，S1 - S4 为一个变比；在 S1 - S2 这个变比的误差试验接线中，把试验导线分别接入 S1 和 S2 后，S3、S4 就不能接线或短接；同样，在做 S1 - S3 这个变比的误差试验接线中，把试验导线分别接入 S1 和 S3 后，S2、S4 就不能接线或短接；在做 S1 - S4 这个变比的误差试验接线中，把试验导线分别接入 S1 和 S4 后，S2、S3 就不能接线或短接。如果二次回路接线或短接不当，误差肯定会超差。

（8）铁芯有剩磁。如果不是以上故障，而且超差情况也不严重，可以进行退磁处理，看看是否可以消除超差现象。退磁方法采用前边所述的开路退磁法。

  以上仅叙述了在电流互感器现场检测中会可能出现的一些问题及常见注意事项，在实际中，互感器检测现场由于地理环境条件、气象条件、现场供电条件、互感器及其回路的结构设计、制造安装、人员的试验配合及协调等差异，往往会出现各种影响正常检测的情况，需要检测人员正确应对，排除困难，不断总结积累经验，正确完成检测。

# 第三章 直流特高压电压互感器现场误差测量

本章节介绍直流高电压测量方法、直流特高压电压互感器误差基本知识、直流特高压电压互感器误差测量系统以及直流特高压电压互感器典型案例分析。

## 第一节 直流高电压测量方法

直流高电压的测量方法通常分为两种，一种是采用测量球隙等的直接测量法，另一种是采用转换装置进行测量。转换装置是将被测的量转变成指示仪表或记录仪器所能指示或记录的量的装置，常用的电阻分压器就是由高压臂电阻和低压臂电阻组成的一种转换装置。随着光纤技术在电工领域中日益广泛的应用，利用光纤技术测量直流高电压成为了新的研究方向。

### 一、测量球隙

均匀电场下空气间隙的放电电压与间隙距离具有一定的关系，可以利用间隙放电来测量电压，但绝对的均匀电场是不易做到的，只能做到接近于均匀电场。测量球隙由一对相同直径的金属球构成。加压时，球隙间形成稍不均匀电场。对一定球径，间隙中的电场随距离的增长而越来越不均匀。被测电压越高，间隙距离越大，要求球径也越大，这样才能保持稍不均匀电场。由于测量球并不是处在无限大空间里，而是处在有外物及大地对球间电场有影响的空间里，所以很难用静电场理论来计算球间的电场强度和击穿电压，因此测量球隙的放电电压主要靠试验来决定。早在 20 世纪初，许多国家的高电压试验室利用静电电压表、峰值电压表等方法求得各种球径的球在不同球距时的稳态击穿电压，又利用分压器和示波器求得其冲击击穿电压。1938 年国际电工委员会（IEC）综合各国试验室的试验数据制订出测量球隙放电电压的标准表，表中表明在一定的周围环境及气温、气压条件下某一直径的球的间隙放电电压峰值，到 2002 年 IEC 对以前颁布的标准表又做了修正，修正后的标准见 IEC 60052：2002《用标准（空）气隙法测量电压》。球隙法主要用于交流电压、标准全波冲击电压（包括雷电波和操作波）的峰值测量。另外，也可以用它测量较高频率下的衰减和不衰减交流电压，但对频率值和电压值有一定的限制。因球隙放电是与电压峰值相关的，所以测量的是电压的峰值。

在用球间隙测量直流电压时，经常需要在球间隙上串联一个保护电阻，它的作用有两方面：一方面可用它来限制球隙放电时流过球极的短路电流，以免球极烧伤而产生麻点；另一方面当试验回路出现刷状放电现象时，可减少或避免由此产生的瞬态过电压所造成的球间隙的异常放电，也就是用此电阻来阻尼局部放电时连接线电感、球隙电容和试品电容等所产生的高频振荡。为了限流和阻尼，要求保护电阻大一些；但为了避免由保护电阻上压降引起的测量误差，要求保护电阻小一些。对于测量直流高电压，IEC 推荐此电阻值为 100kΩ。

如果空气中有灰尘或纤维物质，则会产生不正常的破坏性放电。因此在取得前后一致的数据以前，必须进行多次预放电。在放电电压值相对稳定后，再正式算数。最后测量应取 3 次连续数的平均值，其偏差不超过 ±3%。

测量球隙法作为一种直流高电压测量方法有如下优缺点，它的优点：

（1）可以测量稳态直流高电压，是直接测量超高电压的唯一设备。

（2）结构简单，容易自制或购买，不易损坏。

（3）有一定的准确度。

测量球隙法的缺点如下：

（1）测量时必须放电，放电时将破坏稳定状态，可能引起过电压。

（2）测量较费时间。除了因为要通过多次放电进行测量外，施压过程也不能太快。开始应施加相当低幅值的电压，使其不会因开关操作瞬间产生球隙放电；然后应缓慢升压，以使在球隙放电瞬间，低压侧仪表能够准确地读数。

（3）实际使用中，测量稳态电压要进行多次放电，测量冲击电压要用 50% 放电电压法，手续都较麻烦。

（4）要校正大气条件。

（5）被测电压越高，球径越大，目前已有用到直径为 3m 的铜球，不仅本身越来越笨重，而且影响建筑尺寸。

（6）一般来说，测量球隙不宜用于室外，实践证明，由于强气流以及灰尘、砂土、纤维和高湿度的影响，球隙在室外使用时常会产生异常放电。

尽管测量球隙具有上述缺点，IEC 及国家标准都规定，它是一种能以规定的准确度来测量直流高电压的标准测量装置。此外，标准还规定了可采用棒－棒间隙来测量直流高压，并可用它作为标准测量装置来校核未认可的测量装置。在满足一定条件的情况下，它的测量扩展不确定度估计小于3%。

## 二、高压静电电压表

加电压于两个相对的电极，由于两电极上分别充上异性电荷，电极就会受到静电机械力的作用。测量此静电力的大小，或是测量由静电力产生的某一极板的偏移（或偏转）来反映所加电压大小的表计称为静电电压表。早在1884年开尔文（Kelvin）就设计了以这种测量原理为基础的静电电压表。静电电压表已广泛应用于测量低电压，并且也可用它直接测量稳态高电压。由于它的内阻极大，可以把它并在分压器的低压臂上，通过它的电压读数乘以分压比来测量高电压。

若有一对平板电极，电极间距离为$l$，电容为$C$，所加电压的瞬时值为$u$，则此对极板间的电场能量为$W$，则有

$$W = \frac{1}{2}Cu^2 \tag{3-1}$$

当$C$以F计，$u$以V计时，则$W$的单位为J。设所接电源是一个恒定的电压，则按电工基础理论中的常电位系统的分析法，当极板做无穷小的移动$\mathrm{d}l$时，外源供给两份相等的能量：一份用来增加电场能量$\mathrm{d}W$；另一份用来补偿电场做功的消耗$f\mathrm{d}l$。故可得电极受到的作用力$f$为

$$f = \mathrm{d}W/\mathrm{d}l = 0.5u^2\mathrm{d}C/\mathrm{d}l \tag{3-2}$$

若所加的电压$u$较快地做周期性变化，则在$u$变化的一周期内，由于极板的惯性质量较大，极板的位置不会发生瞬间的变化。在此条件下，一个周期$T$内，力的平均值$F$可通过式（3-3）表达

$$F = \left(\int_0^T f\mathrm{d}t\right)/T \tag{3-3}$$

静电电压表有两种类型：一种是绝对仪静电电压表；另一种是工程上常用的静电电压表，非绝对仪。静电电压表示意图如图3-1所示。

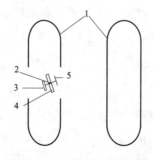

**图3-1 静电电压表示意图**

1—电极；2—张丝；3—反射镜；4—阻尼片；5—活动电极

所谓绝对仪静电电压表是测量作用力 $F$，并根据极板尺寸，计算出作用在极板上的电压的表计。不必通过其他仪表的校正来刻出电压刻度，相反，由于它的测量准确度高，所以可用它来校正其他表计。早期制造的 275kV 静电电压表，在测量 10～100kV 电压时，误差仅为 0.01%。20 世纪 70 年代末豪斯（House）等人研制出一台 1000kV 的绝对静电电压表，介质采用压缩的 $SF_6$，测量扩展不确定度为 0.1% 级。

工程上应用的静电电压表是非绝对仪，需要用别的测量仪表来校正它的电压刻度。它在工作时，一个可动电极产生了位移或偏移，利用设置的张丝产生的扭矩或弹簧的弹力等产生了反力矩，当反力矩与静电场力矩相平衡时，可动电极位移到一稳定值。用可动电极相连接的指针或反射镜的光线指示，便可读出被测的电压值。可用静电电压表直接测量交流和直流高电压，还可以测量频率高达 1MHz 的高频高压。

静电电压表的优点是它基本上不从电路里吸取功率，准确地讲，它仅吸取极少量的无功功率，用以建立极板中的电场和极板对地的杂散电场。由于仪表极板的电容一般仅为几个到几十个皮法拉，所以所吸收的功率极小，可以认为静电电压表的内阻抗极大，这是它的最大优点。对稍低一点的额定电压表计，可通过将它接到分压器上来扩大其电压量程。

普通高压静电电压表在使用时，应注意高压源及引线对表的电场影响，引线应水平地从接地极板后侧引入。因为仪表虽已有电场屏蔽装置，但外界电场的影响仍然不同程度地存在着。静电电压表的安放位置或方向及高压引线的路径若处置不当，往往会造成显著的测量误差。此外，高压静电电压表不像低压表那样四周已被封闭起来，所以不宜用于有风的环境中，否则活动电极会被风吹动，造成光标指示摇晃而形成测量误差。

### 三、高压直流分压器

能用来测量直流高压的分压器是由电阻元件组成的。真正符合分压器概念的测量直流高压接线图如图 3-2（a）所示。在图 3-2（a）中，跨接在低压臂电阻 $R_2$ 上的电压表必须是高内阻的表计，如静电电压表或数字电压表。另一种测直流高电压的接线方法如图 3-2（b）所示，高压电阻器 $R_1$ 已知，测得流过它的电流值，便可获得所加的电压值。由于所加的电压很高，所以无论采用上述哪种接线方法，$R_1$ 的阻值都是很高的，一般 $R_1$ 由数个或数十个电阻元件串联组成。图 3-3（a）表示一个由多个精密金属膜电阻元件串联而成的额定电压为 100kV，总阻值为 100MΩ 的电阻分压器。各个电阻事先用精密电桥测准，它们以"之"字形固定在干燥的胶布板两侧，分压器的电阻安装在盛有变压器油的圆形绝缘管内。图3-3（b）中 $R_3$ 是为了防止引线和安放在控制桌上的毫安表发生开路，工作人员处出现高电压而设置的，$R_3$ 的阻值比毫安表内阻大约3个数量级即可。它在正常测量时，基本上不对毫安表起分流作用。两个极性反接的、相互串联的二极管用来防止在低压部分B点出现过电压。考虑施加的高压可能为正，也可能为负，所以用两个二极管串联，应选购一种能快速击穿的二极管。图3-3（b）中P为低压荧光放电管。

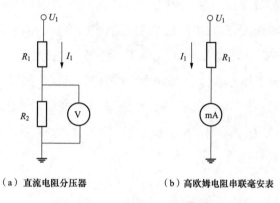

（a）直流电阻分压器　　　　　　（b）高欧姆电阻串联毫安表

**图3-2　两种广泛采用的测量直流高压的方法**

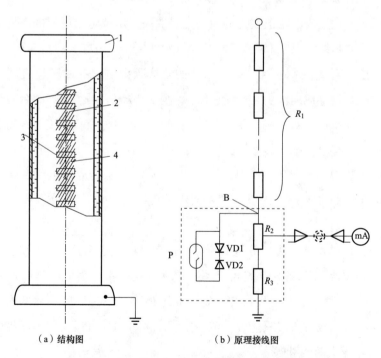

（a）结构图　　　　　　　（b）原理接线图

**图3-3　100kV、100MΩ高欧姆电阻器原理接线图**

1—屏蔽罩；2—胶布板；3—变压器油；4—电阻元件

$R_1$阻值的选择不能太小，否则要求直流高压源供给较大的电流$I_1$，且$R_1$本身的热损耗也会太大，以致$R_1$阻值不稳定而增加测量误差。另一方面也不能选得太大，否则由于$I_1$过小而使电晕放电和绝缘支架漏电，从而造成测量误差。故 IEC 规定$I_1$不低于 0.5mA。一般$I_1$选择在 0.5～2mA，额定工作电压高的分压器$I_1$可选大些（因为电晕和泄漏也更严重些）；电压低的分压器$I_1$可选小些，实际上$I_1$常选定为 1mA。

造成电阻分压器测量误差的主要原因是电阻值不稳定。虽然就整个测量系统的误差来讲，除了$R_1$、$R_2$引起的误差之外，还应包括串接的毫安表或并接的电压表的误差，但电表的误差比较容易控制。造成$R_1$、$R_2$实际阻值变化的原因可归结为 3 个：电阻本身发热或环境温度变化、电阻元件上或附近电晕放电、绝缘支架漏电。对这 3 个方面都可以起抑制作用的一种措施是分压器内充以变压器油。变压器油既起加强散热的作用，又增加了绝缘强度。通过电泵的作用，通以循环的油流或高绝缘气体的气流效果更佳。若分压器内充以高气压的气体或高绝缘气体，则对抑制电晕和泄漏电流是有效果的。对后者的作用虽不是直接的，但因此时容器是密封的，至少可以防止潮气的侵入。此外，对不同情况下的改进措施可分述如下。

1. 阻值变化造成的测量误差

电阻因温度变化造成的阻值变化的大小主要取决于所选电阻材料的温度系数。现可采用的电阻器主要是线绕电阻和金属膜电阻，碳膜电阻已基本上被金属膜电阻所取代。具有较大热容量（对于整个电阻尺寸而言）的合成碳棒电阻在欧美先进国家仍在生产和使用，而我国则过早地淘汰了它，精密绕线电阻通常用卡码丝一类的合金丝绕成，它的热容量大，温度系数很小，一般温度系数小于等于｜10｜ppm/℃（ppm 指 parts per milion 即 $10^{-6}$），优质的精密线绕电阻的温度系数可小于等于｜5｜ppm/℃。精密金属膜电阻的温度系数约为 ±（50～100）ppm/℃。为减少发热造成阻值变化，除了根据分压器准确度等级的要求，可选用温度系数小的电阻元件外，常分别或同时采取以下措施：

（1）选择元件的总瓦数大于分压器所需的功率，以减小温升。

（2）金属膜电阻和线绕电阻的温度系数常常有正有负，因此在串联使用时可合理地加以搭配，使$R_1$整体的温度系数在一定条件下最小。不过温度系数的大小及其正负值实际上是温度的函数，所以只能说在某一定温度范围内才可以实现本项措施。

2. 电晕放电造成的测量误差

由于处在高电位的电阻元件上的电晕会损坏电阻元件，特别是损坏薄膜电阻的膜层，从而使之变质，而且对地的电晕电流将改变$R_1$的等效电阻值，使之有不同程度的增大，从而造成测量误差。为此除将 $I_1$ 适当选大一些外，还应采取下述措施：

（1）高压端应装上可使整个结构的电场比较均匀的金属屏蔽罩。

（2）对准确度要求高的分压器，其电阻元件应装上等电位屏蔽。即将电阻元件用更大半径的金属外壳屏蔽起来。屏蔽的电位可由电阻分压器本身供给，也可由辅助分压器供给。J. H. Park 研制一台准确度为 0.01% 的 100kV、100MΩ 螺旋式精密电阻分压器，电阻元件是由低温度系数的特种合金丝绕成的线绕电阻，每个电阻元件阻值是 1MΩ，每两个电阻装在一个屏蔽单元内。屏蔽的电位由电阻 $R$ 供给，再将包有电阻元件的屏蔽单元连续地环绕在直径为 17.5cm、高度为 42cm 的有机玻璃支架上。由于屏蔽有较大的曲率半径，高压端又装有直径为 56cm 的屏蔽罩，使分压器处于均匀电场之中，屏蔽层和电阻元件均不会引起电晕。电阻 $R$ 和屏蔽之间的最大电位差为 $R/2$ 上的压降，即 500V，所以 $R$ 和屏蔽之间的电场强度不足以引起电晕。这种等电位屏蔽的缺点是如果屏蔽本身发生电晕或屏蔽单元之间或单元与地之间有漏电现象，则仍将造成测量误差。为此可使用一辅助分压器来供给屏蔽电位，如图 3-4 所示。

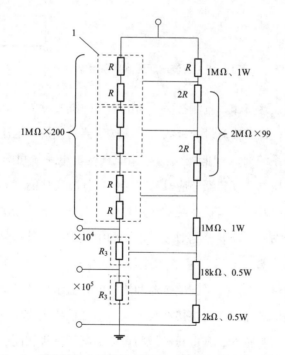

**图 3-4 具有辅助分压器的 100kV、200MΩ 精密电阻分压器**

3. 由绝缘支架的漏电造成的测量误差

通过选用绝缘电阻大的结构材料来减小由绝缘支架的漏电造成的测量误差，中性的聚苯乙烯是可选用的材料之一。等电位屏蔽也可减小漏电或漏电的影响。

## 第二节　直流特高压电压互感器误差基本知识

### 一、直流电压互感器的工作原理

直流电压互感器（DC voltage transformer）又称直流电压测量装置，由连接到传输系统和二次转换器的一个或多个电压传感器组成，用以传输正比于被测量的量，在通常使用条件下，其二次转换器的输出正比于一次回路直流电压。工作原理图如图 3 – 5 所示。

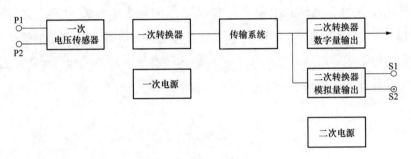

**图 3 – 5　直流电压互感器通用原理图**

直流特高压电压互感器作为直流特高压输电系统的重要设备，其主要作用是在满足一定准确度的要求下，将需要测量的极线上的一次直流高压按一定比例转换成满足二次测量系统和二次保护系统要求的低压信号，保证直流输电系统可靠、稳定、安全的运行。同时，直流特高压电压互感器还应具有一定的电气隔离功能，起到电气隔离一次直流高压和二次测量系统及二次保护系统的作用，保证工作人员及二次设备的安全。

在换流站、逆变站中，需要分别对极线电压和中性线电压进行测量。因此，在极线上和中性线上各有一台直流电压互感器，其位置如图 3 – 6 所示。极线上的直流电压互感器一般位于极线的母线上，在平波电抗器和滤波电容器组后面，而中性线上的直流电压互感器一般位于换流阀厅内，直接接在换流阀组的中性线出线位置。

极线上的直流电压互感器，其电压等级与极线的电压等级相同。常用的电压等级有 ±400kV、±500kV、±600kV、±800kV、±1100kV。此外，在一些背靠背直流输电系统中，极线上的直流电压互感器的电压等级只有 ±50kV。中性线上的直流电压互感器，其常用的电压等级有 ±3 kV、±10kV。考虑电压裕度，特高压直流输电系统中中性线分压器的额定电压值选取 ±100kV。

直流电压互感器的低压输出信号通常是多路输出，根据二次测量系统和二次保护系

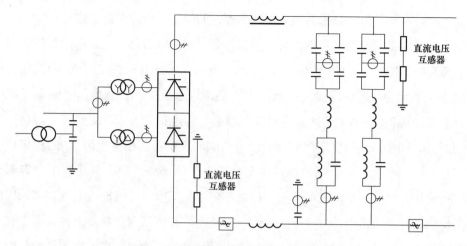

**图 3 - 6 换流站中直流电压互感器的位置**

统对输入低压信号的要求不同，低压输出信号既可能是数字量，也可能是模拟量；既可能是电信号，也可能是光信号。

根据直流电压互感器的基本工作原理不同，可以将直流电压互感器分为分压器式直流电压互感器（DCTV）和光电式直流电压互感器（OVT）两种。

分压器式直流电压互感器的原理简单，发展时间较长，技术相对成熟，在稳定性、可靠性和准确度方面都具有较强的优势，目前已经在绝大多数的直流输电系统中得到应用。

下面以复龙换流站 ±800kV 分压器式直流电压互感器为例，对分压器式直流电压互感器进行介绍。图 3 - 7 为 ±800kV 分压器式直流电压互感器的工作原理图。

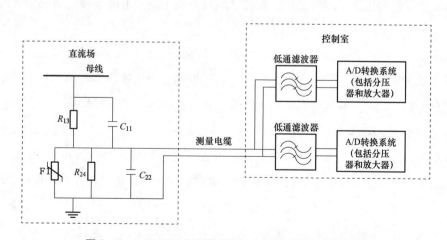

**图 3 - 7 ±800kV 分压器式直流电压互感器工作原理图**

$R_{13}$—高压臂电阻；$R_{24}$—低压臂电阻；$C_{11}$—高压臂电容；$C_{22}$—低压臂电容；F1 —低压臂电压保护装置

从图 3 - 7 中可以看出分压器式直流电压互感器是由直流场中的阻容分压器、控制室内的二次转换器、阻容分压器和二次转换器之间的测量电缆三部分组成。

阻容分压器是直流电压互感器的传感器部分，它的电阻部分主要作用是将极线母线上的直流高电压按照一定的比例转换成直流低电压，因此高压臂电阻 $R_{13}$ 和低压臂电阻 $R_{24}$ 的比值应该满足一定的准确度要求。在直流输电系统中，直流电压互感器的准确度一般要求满足 0.2%。为了达到直流电压互感器整体准确度 0.2% 的要求，对高压臂电阻 $R_{13}$ 和低压臂电阻 $R_{24}$ 的稳定性分别做出了相应的规定：高压臂电阻 $R_{13}$ 的稳定性要求不大于 0.1%，低压臂电阻 $R_{24}$ 的稳定性要求不大于 0.05%。阻容分压器中电容部分的主要作用是均匀雷电冲击电压的分布，以防止阻容分压器在雷电冲击电压到来时因电压分布不均而损坏。当雷电冲击电压到来时，对纯电阻直流高压分压器来说，由于存在寄生电容的影响，使得纯电阻分压器上的冲击电压分布极不均匀，靠近高压侧的电阻将承受很高的冲击电压，这极有可能使靠近高压侧的单个电阻因短时过电压而损坏，从而导致整个分压器的损坏。在纯电阻分压器上并联电容，能够有效减小寄生电容对冲击电压分布的影响，从而使冲击电压的分布均匀，有效地提高了分压器的耐受雷电冲击电压的能力。为了保证二次侧的安全，在低压臂上并联一个电压保护装置 F1，以限制抽头与地之间的电压，其耐受电压有效值应不大于 0.5kV。

测量电缆将直流场中的阻容分压器和控制室内的二次转换器连接起来，使阻容分压器输出的低压测量信号传送到二次转换器。需要说明的是，在有些换流站中，由于设计等方面的原因，要求将阻容分压器输出的低压直流模拟信号就地数字化，然后进行电光转换，变成光数字信号，由光纤传送到控制室内的二次转换器。在这种情况下，直流场中的阻容分压器和控制室内的二次转换器之间就不能用测量电缆连接，而是用光纤进行连接。

控制室内的二次转换器根据接入的控制保护系统的要求，将测量电缆输出的测量信号进行多路滤波、分压、放大等处理后，转换为控制保护系统所需的信号。当阻容分压器的输出信号通过光纤传输时，二次转换器还要进行相应的电光转换、D/A 转换等。

复龙换流站 ±800V 分压器式直流电压互感器的等效电路如图 3 - 8 所示，从图 3 - 8 中可以看出，分压器式直流电压互感器的实际低压臂电阻等于低压臂电阻 $R_{24}$ 与二次转换器的输入电阻 $R_{in}$ 的并联电阻，因此，为了达到直流电压互感器整体准确度 0.2% 的要求，除了要规定高压臂电阻 $R_{13}$ 和低压臂电阻 $R_{24}$ 的稳定性外，还规定了二次转换器的输入电阻 $R_{in}$ 的精度要求：其精度应满足 ±0.1% 的要求。这里需要特别说明一下，阻容分压器的高压臂电阻 $R_{13}$ 和低压臂电阻 $R_{24}$ 的稳定性是指在老化、电压和温度的总体影响下，高压臂电阻 $R_{13}$ 和低压臂电阻 $R_{24}$ 的精度都不能超过稳定度规定的要求。这是因为对阻容分压器来说，由于电阻长时间工作会发热，有可能出现老化现象，阻容分压器在直流场中，环境温差很大，阻容分压器中的电阻尤其是高压臂电阻 $R_{13}$ 工作在高电压下，这些因素使得高压臂电阻 $R_{13}$ 和低压臂电阻 $R_{24}$ 的阻值处于动态的变化中，为了保证直流电压互感器的准确度满足 $0.2\%$ 的要求，因此对高压臂电阻 $R_{13}$ 和低压臂电阻 $R_{12}$ 提出的是稳定性要求。二次转换器的输入电阻 $R_{in}$ 的阻值相对来说比较稳定，为了保证直流电压互感器的准确度满足 $0.2\%$ 的要求，只需要对二次转换器的输入电阻 $R_{in}$ 的阻值提出精度要求。

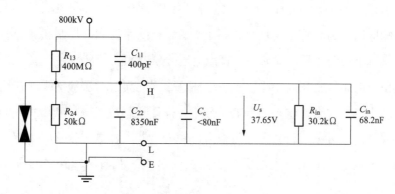

**图 3-8　复龙换流站 ±800kV 分压器式直流电压互感器等效电路图**

$C_c$—传输电缆的等效电容；$R_{in}$ 二次转换器的输入电阻；$C_{in}$ 二次转换器的输入电容

## 二、直流电压互感器的结构

直流输电工程中直流电压互感器由分压器和电压测量控制部分组成，分压器部分一般采用电阻分压原理，直流电压信号的传输既可以采用电缆传输信号，也可以采用光纤传输信号。当采用电缆传输信号时，直流场中分压器输出的低压模拟信号通过电缆传输到控制室内，由控制室内的二次转换器转换为控制保护系统需要的信号。当采用光纤传输信号时，一次转换器将分压器输出的电压模拟信号就地转换为数字光信号，通过光纤传输到控制室内，由控制室内的二次转换器转换为控制保护系统需要的信号。采用电缆传输信号的优点在于传输系统结构简单，但是由于电缆传输的是模拟信号，容易受到电磁干扰；采用光纤传输信号的优点在于抗干扰能力强，缺点在于一次转换器容易受环境影响，易发生故障，可靠性低。

因为直流电压互感器是采用电阻分压器原理，为保证不同环境温度和电压下的测量准确性，组成高压壁和低压臂的电阻元件必须具备温度系数小、电感量小和在直流高电压下保持阻值稳定等特点。直流电压互感器在直流电压作用下电压分布比较均匀，在雷电冲击电压下，由于不用高度对地杂散电容的不同，电压分布则极不均匀，高压侧单个电阻元件承受的冲击高压将远远超过中低压部，极易造成击穿损坏，对运行可靠性产生不良影响。为改善电场分布，一般在电阻元件两端并联补偿电容，为保证分压器的频响特性，补偿电容的数值需要和电阻值进行匹配。

对纯电阻分压器而言，一方面，它在直流电压作用下电压分布较均匀，在雷电冲击电压下，由于不同高度对地杂散电容的不同，其电压分布则极不均匀，高压侧单个电阻元件承受的冲击电压将远远超过中部和底部元件，易发生冲击击穿，不能满足试验和运行要求。为改善电场分布，直流分压器一般在电阻两端并联补偿电容，补偿电容的数值需要和电阻值相匹配。另一方面，纯电阻分压器的频率响应特性很难满足要求，补偿电容使分压器响应性得到改善，满足有关高压直流输电线路监测、控制和保护的要求。

特高压直流电压分压器与 ±500kV 直流电压分压器相比，区别主要在于内外绝缘水平的不同，由于电压等级较高，绝水平相应提高，因此需要对端部绝缘和补偿装置进行全新设计，防止电晕发生，改善冲击电压分布。设计和制造需控制电阻元件的温升以保证测量度，同时，应考虑运行时湿度污秽条件对分压器内外电压分布的影响。为保证系统安全和减小干扰，特高压直流电压分压器主回路和二次输出回路之间应装设静电屏蔽层。

特高压直流电压互感器与控制保护系统信号输入端相连，在电压从零至最大稳态直流电压范围内，其测量精度应在额定电压的 ±0.2% 以内。

特高压直流电压测量装置必须具有良好的暂态响应和频率响应特性，确保最大公差时的测量精度仍满足高压直流输电系统控制保护的要求。如图 3-9 所示为 ±800kV 云广线特高压直流电压互感器的实物图。

**图 3-9　±800kV 云广线特高压直流电压互感器**

## 第三节　误差测量系统

### 一、测量系统构成

国家计量检定规程 JJG 1156—2018《直流电压互感器检定规程》对直流电压互感器的计量性能要求如下：

1. 基本误差

直流电压互感器的基本误差见式（3 - 4）

$$\varepsilon = \frac{U_{\mathrm{M}} - U_{\mathrm{R}}}{U_{\mathrm{R}}} \times 100\% \qquad (3-4)$$

式中　$\varepsilon$——基本误差；

$U_{\mathrm{M}}$——施加 $U_{\mathrm{R}}$ 时，被检直流电压互感器的一次直流电压测量值；

$U_{\mathrm{R}}$——实际一次直流电压值。

2. 准确度等级

直流电压互感器的准确度等级分为：0.1 级、0.2 级、0.5 级、1 级。

在设备要求条件规定的环境内，各准确度等级直流电压互感器 10% ~ 100% 额定电压下的实际误差不应超过表 3 - 1 所列误差限值。

表 3 - 1　误差限值与准确度等级的对应关系

| 准确度等级 | 误差限值 |
|:---:|:---:|
| 0.1 级 | ±0.1% |
| 0.2 级 | ±0.2% |
| 0.5 级 | ±0.5% |
| 1 级 | ±1.0% |

3. 误差测量系统要求

对直流电压互感器进行上述误差校验时，应按被检直流电压互感器的准确度级别以及规程的要求，选择合适的误差测量系统。直流电压互感器误差测量系统由电源装置、标准装置和测量装置组成。

规程对误差测量系统的要求如下：

（1）电源装置。

1）直流电压源的输出稳定度应优于 0.1%/3min；

2）直流电压源的纹波系数应不大于 0.5%；

3）直流高压电源的电压调节装置应能保证输出电压由接近零值平稳连续地调到被检直流电压互感器的额定电压，直流高压电源的调节细度不应低于被检直流电压互感器额定电压值的 0.1%。

（2）标准装置。试验中使用的标准直流高压分压器的准确度等级不应低于表 3-2 的规定，而且应标明各标称分压比对应的输出电阻。

表 3-2　标准直流高压分压器准确度等级的要求

| 被检直流电压互感器 | 0.1 级 | 0.2 级 | 0.5 级 | 1 级 |
|---|---|---|---|---|
| 标准直流高压分压器 | 0.02 级 | 0.05 级 | 0.1 级 | 0.2 级 |

（3）测量装置。误差测量装置的基本误差示值分辨力不应低于被检直流电压互感器误差限绝对值的 1/20。

误差测量装置的测量误差，应不大于被检直流电压互感器误差限的绝对值 1/10。

误差测量装置输入阻抗引入的误差，应不大于被检直流电压互感器误差限绝对值的 1/50。

误差测量装置在每个检定点下进行连续 10 次测量，各检定点的基本误差为 10 次测量结果的平均值。

4. 基本误差试验方法

选择好合适的测量系统后还需按规程规定的试验方法试验，要求如下：

基本误差应在一次额定电压的 10%、20%、50%、80%、100% 下进行测量，测得的误差应小于表 3-1 规定的误差限值。

（1）数字量输出误差试验。被检直流电压互感器的输出为数字量时，误差试验原理图如图 3-10 所示。误差测量装置输出时钟信号，使误差测量装置采集的标准直流分压器输出信号 $u_R$ 与被检直流电压互感器输出数字帧 $U_{M(n)}$ 保持同步，并依据式（3-4）的定义计算基本误差。

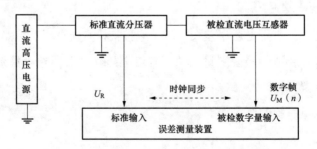

图 3-10　数字量输出时的误差试验原理图

（2）模拟量输出误差试验。被检直流电压互感器的输出为模拟量时，误差试验原理如图 3 - 11 所示。误差测量装置同步测量标准直流分压器输出信号 $U_R$ 与被检直流电压互感器输出信号 $U_M$，并依据式（3 - 4）的定义计算基本误差。

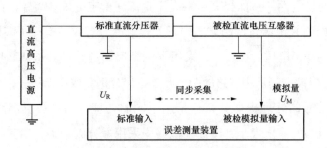

图 3 - 11　模拟量输出时的误差试验原理图

## 二、电源装置

直流电压互感器误差测量用电源为直流电压源，由控制单元、中频变压单元和倍压单元组成，采用了多级电压预稳电路、多环节电压反馈电路、高稳定度低温漂取样电阻等设计而成，原理框图如图 3 - 12 所示。

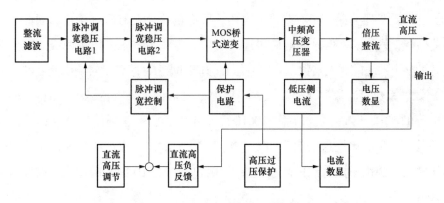

图 3 - 12　直流电压源工作原理框图

脉冲调宽稳压电路采用升降压 DC—DC 电路，由脉冲调宽稳压电路 1 和脉冲调宽稳压电路 2 组成，脉冲调宽稳压电路 1 先将输入电压初次滤波后得到带有较大波纹的直流电压，再稳压成波纹很小的直流电压作为脉冲调宽稳压电路 2 的输入电压。脉冲调宽稳压电路 2 具有较高的电压输出精度，可以对其输出的直流电压进行精密调节。标准直流分压器输出的电压信号与调节信号对比后，得到的误差信号经过加权控制，使脉冲调宽稳压电路 1 的输出电压稳定到指定电压附近，再由脉冲调宽稳压电路 2 将输出电压稳定到指定电压。

直流互感器校验系统中直流高压电源输出的稳定性，是确保直流互感器校验工作准确、安全、高效开展的关键因素。规程规定直流电压源的稳定性高于 0.05%。

高稳定直流电压源采用以下技术以提高其稳定性：

（1）中频变压单元将采用 10kHz 中频正弦波，减小了噪声和波纹系数，提高了中频变压单元输出的稳定性，从而提高了特高压直流高稳定电源装置输出的稳定性。

（2）低压主回路采用脉宽调制方式即开关式电源，有效地提高了整机的工作效率。

（3）为了提高输出电压的稳定性，采用了三个反馈通路：一是从高压输出端获取反馈信号即大反馈，另两个是从主回路的两个开关输出分别获取反馈信号，又称小反馈。

（4）对反馈信号的处理根据其特点采用不同的处理方法。小反馈路径短时间常数小，仅反映了主回路的输出大小，因此在电路中采用微分因子 $D$，取其变化量对主回路的输出电压进行控制。大反馈路径长，时间常数大，但直接反映了输出高压的大小，对输出高压的稳定度起着至关重要的作用，而处理该反馈信号时引入了积分因子 $I$。输出电压的高低依赖于调压旋钮的比例 $P$。因此在整个控制回路中采用了 PID 调节机制，使最终输出的高压能达到 0.05% 的稳定度。

（5）大反馈信号来自测压系统，而测压系统的品质直接关系到输出电压的稳定度，因此测压系统实际上就是一台高精度直流分压器，为输出电压提供一个可靠基准，由此提高了整个系统的放大倍数及对偏差信号的抑制能力，减轻了对响应速度的要求。

（6）控制回路本身是一个有差放大电路，即有偏差才会有跟踪响应，因此始终会有一个偏差存在，另外偏差信号的响应跟速度有关。为此系统中采用了两级主回路稳压单元，提高了整个系统的放大倍数及对偏差信号的抑制能力，减轻了对响应速度的要求。

（7）纹波系数是直流源品质高低的一项很重要指标，该直流源的纹波主要有三项：①交流电源的 50Hz 及整流滤波后的 100Hz；②开关逆变引起的高频分量；③由控制回路引起的其他分量。解决这些问题：①采用双网络对固定频率的纹波加以滤除；②采用全波倍压整流，提高整流电路的滤波效果；③合理调节 PID 因子的比例，以取得一个最佳动态效果。

### 三、标准装置

规程规定直流标准器应比被检直流互感器高两个准确度级别，实际误差应不超过被检直流互感器误差限值的 1/10。校验 0.2 级的直流电压互感器要求标准器的准确度达到 0.05 级。直流电压互感器标准装置的分压电路主要由电阻构成，电阻会随着所处的温度、湿度等环境条件的改变而改变，使得直流分压器的稳定性和准确性难以保证。研制直流电压互感器标准装置的关键技术如下：

（1）电阻受环境温度或自身发热影响使得阻值发生改变，造成分压比发生变化。

可采用以下措施：

1）在标准器内部以循环气体或者循环绝缘油的方法控制标准器内温度；

2）在标准器内部安装加热装置和温度传感装置，使得标准器在恒温下工作；

3）选用温度系数小、低温漂、高稳定度的电阻元件；

4）选择容量大于额定容量的电阻原件，以减小温升；

5）绕线电阻和金属膜电阻的温度系数有正有负，在串联组装时可适当加以搭配，减小标准器整体的温度系数。

（2）分压电阻受电磁场干扰，难以保障测量准确性。可采用以下措施：

1）在分压电阻与绝缘支架，分压电阻与外壳之间设置磁屏蔽层；

2）在标准器高压端上安装等电位屏蔽罩；

3）在标准器内部充以高气压的 $SF_6$ 或变压器油。

（3）标准器分压电路采用纯电阻无感设计，使得标准器具备较好的频率响应特性，保障在高速变化的频率下取样信号的准确性。

（4）为提高装配、运输及试验的便捷性，可采取以下措施：

1）将标准器分级设计，减小了单件设备的绝缘要求，降低了运输高度，实现了车载小型化设计；

2）采用 $SF_6$ 气体绝缘，减轻标准器重量。

综上所述，为了减小测量误差，设计标准器时，要尽量减小分压器温度系数，采用高稳定度、低温漂电阻，控制分压电阻的环境温度，使分压器的稳定度提高；分压电路采用纯电阻无感设计，保障在高速变化的电压下的准确性；要尽量使分压器的直流电压分布均匀；尽量减小绝缘支架的泄漏电流，屏蔽分压电阻的电磁场干扰。采用充气式分级绝缘设计，实现车载小型化。

### 四、测量装置

直流互感器校验仪为直流互感器校验用测量装置，可实现直流互感器模拟和数字量输出的比差、角差的校验。

如图 3 – 13 所示为直流互感器校验接线示意图。

对于模拟输出的直流互感器，采用高精度数据采集卡，将标准和被测互感器的模拟信号分别同时转换为数字信号，经上位机进行信号频谱分析及误差计算后得出被检互感器的比差和角差。

对于数字输出的直流互感器，以传统的电阻式分压器作为标准器，将标准互感器的模拟输出经 A/D 转换，然后与被测互感器的数字输出进行比较。

模拟量采集通道方面采用美国 NI 公司的 24 分辨率的高精度数据采集卡 NI5922，搭配可方便应用的工业用 PC 机，数字量采集方面使用网卡接收合并单元的数据报文，通过专用程序解析得到测量结果。使用 NI 公司的 Labview 软件的强大计算处理功能将两个通道的测试结果进行计算和比较，并且直接在界面上显示。同时通过 Labview 界面还可以方便的集成测试报告生成、测试参数设置等功能，测试前输入标准源的变比等参数，直接将测试结果以报告形式输出，从而避免了计算实验结果的麻烦过程，具有极高的自动化程度。

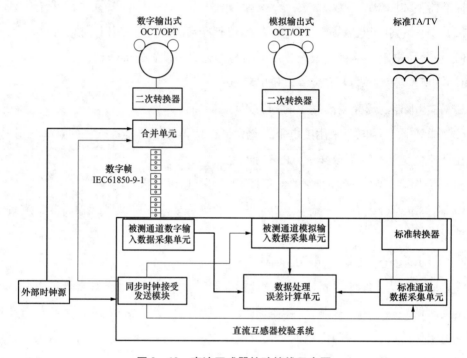

**图 3 - 13 直流互感器校验接线示意图**

（1）标准转换器。由于传统的电磁式互感器输出的为 100V（$100/\sqrt{3}$ V）或者 5A（1A）的强电信号，一般的高精度数据采集卡无法直接测量，必须要将其转换为弱电信号。此标准转换器采用了双级电流和电压互感器技术，并且整个装置进行了独特的抗干扰设计，精度为 0.01%。

其中标准电压转换器参数为：

输入：100V（$100/\sqrt{3}$V），50Hz 交流信号；

输出：6.5V、4V、3.25V、2V、1.625V；

准确度：0.01%。

标准电流转换器参数为：

输入：5A（1A），50Hz 交流信号；

输出：4V、225mV、200 mV、150 mV、22.5 mV；

准确度：0.01%。

（2）标准通道数据采集单元与被测通道数据采集单元。装置采用了 NI5922 高精度数据采集卡，NI 922 是双通道可变分辨率数字化仪，拥有目前市场上最高的分辨率和最高动态范围。NI PCI－5922 可在 24 位 500 kS/s 到 16 位 15 MS/s 的速度范围内通过降低采样速率提高分辨率。这一超强的灵活性及分辨率源于 NI Flex Ⅱ ADC 技术，该技术运用了多数位 delta－sigma 加强转换器和已获专利的线性化技术。将 PCI－5922 与 NI Labview 等软件结合使用，其测量性能可超越与之功能相似的传统高端仪器。

由于 NI5922 具有双通道，独立 A/D，能够实现完全意义上的同步采样，触发同步和采样时钟同步，所以在模拟量校验式具有很高的精度。

同时 NI5922 还具有非常强大的自检测功能，可以根据不同的环境温度自动对 AD 转换进行补偿，从而避免了温漂对测量系统的影响，它还具有自稳零，ADC 自校正等保证测量精度的功能。

（3）数字量采集通道。数字量采集通道为光纤或 RJ45 接口的以太网卡，同时外部配有高速光以太网转换机，如合并单元输出为光纤输出，则将通过光以太网转换机其信号转换为 RJ45 接口即可，方便接入校验仪使用。

（4）同步信号脉冲。该同步脉冲的作用是将合并单元的计数位清零，并同时触发 NI5922 开始采集，在采集系统中，同步脉冲上升沿时刻记为零时刻，而查找合并单元被同步后发送过来的带有时标数据，计数器为零的数据可以看作零时刻的数据，用计算机将数据提取出来进行计算，同时将 NI5922 采集的数据进行相同的计算，这样就可以精确求得光电式互感器所产生的相位差和比差等所需实验数据。

为了满足高精度同步定时的需要，本同步脉冲还可以外接 GPS 同步信号，跟踪 GPS 秒脉冲，同步精度为亚微秒级。同时为了满足不同的同步触发需求，设置了光输入同步，电输入同步，电输出同步，而且具有反向功能。同步脉冲的频率也可以根据需要进行设置。

（5）数据处理及误差显示单元。采用了 Labview 图形化编程软件，与传统仪器相比，虚拟仪器在智能化程度、处理能力、性能价格比、可操作性等方面均具有明显的技术优势。开发人员可以根据客户要求定制软件界面、功能。

Labview 是目前国际上推广应用最广的虚拟仪器开发环境之一，主要应用于仪器控制、数据采集、数据分析、数据显示等领域，并适用于 Windows、Macintosh、UNIX 等多种不同的操作系统平台。与传统程序语言不同，Labview 采用强大的图形化语言（G 语言）编程，面向测试工程师而非专业程序员，编程非常方便，人机交互界面直观友好，具有强大的数据可视化分析和仪器控制能力等特点。

使用 Labview 开发环境，用户可以创建 32 位的编译程序，从而为常规的数据采集、测试、测量等任务提供了更快的运行速度。Labview 是真正的编译器，用户可以创建独立的可执行文件，能够脱离开发环境而单独运行。

# 第四节　典型案例分析

## 一、场站结构及参数简介

某 ±800kV 特高压直流输电工程是双极直流输电系统，额定容量 7200MW，额定电压 ±800kV，最高运行电压 ±816kV，额定电流 4500A，输送容量为 7200MW。

某换流站为受端系统，负责将直流电转换为交流电。800kV 的某换流站每极由 2 个 12 脉动阀组串联接线（400kV + 400kV）。换流变压器的容量为（24 + 4）× 340MA。换流变压器容性无功补偿容量为 4300Mvar，分四大组，每大组包含多个不同小组，每小组容量按不大于 270Mvar 配置。500kV 交流开关场采用一个半断路器连线，按 7 个完整串建设，换流站 500kV 交流回线 6 回。某换流站每极高、低端 12 脉动换流阀两端设计电压相同，12 脉动换流阀两端连接直流开关设备，通过直流开关设备的操作可以投入或退出该 12 脉动断路器，实现运行方式的转换和运行故障的隔离清除。

某站拥有两条极线，分别为极 I、极 II，该站电气主接线图（部分）如图 3-14 所示，该站直流电压互感参数见表 3-3。

表 3-3　直流电压互感参数

| 项目 | 极线直流电压互感器 | 中性线直流电压互感器 |
|---|---|---|
| 结构形式 | 分压器式直流电压互感器（DCTV） | 分压器式直流电压互感器（DCTV） |
| 最大持续直流电压 | ±816kV | — |
| 电压等级 | ±800kV | ±40kV |
| 准确度等级 | 0.2 级 | 0.2 级 |

## 二、试验方案

（一）试验概况

1. 试验目的

对某直流输电工程中某站直流侧的直流电压互感器进行现场校准，以确保直流输电

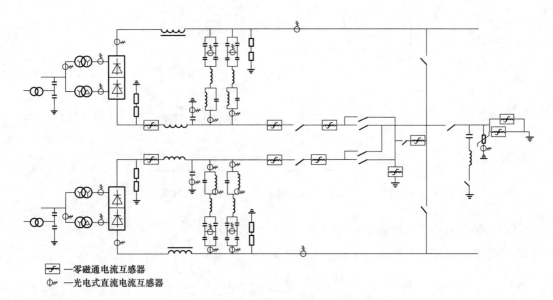

　　——零磁通电流互感器
　　——光电式直流电流互感器

图 3－14　某站电气主接线图（部分）

系统正常运行时，输入到直流控制系统的直流电压信号的准确性。

2. 试验地点

某换流站

3. 试验对象

试验对象见表 3－4。

表 3－4　试验对象

| 序号 | 内容 | 数量 |
|---|---|---|
| 1 | ±800kV 某站极 I 、极 II 电压互感器误差试验 | 2 只 |
| 2 | ±800kV 某站中性点电压互感器误差试验 | 2 只 |

4. 试验依据

本次现场校准试验主要依据以下规程规范：

JJG 1007—2005《直流高压分压器检定规程》

DL/T 1788—2017《高压直流互感器现场校验规范》

（二）试验方法和试验项目

1. 试验方法

直流电压互感器校准试验接线原理如图 3－15 所示。

电子式互感器校验仪输出时钟控制被检直流电压互感器一次转换器采样，数字输入端口读取被检直流电压互感器二次转换器输出的数字帧频信号，模拟端口读取标准直流

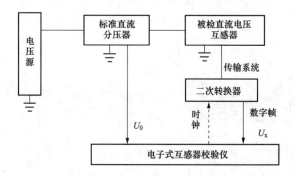

**图 3 – 15  直流电压互感器校准试验接线原理图**

分压器的输出电压，经处理得到时间同步的 $U_0$ 与 $U_x$。

被检直流电压互感器的基本误差按式（3 – 5）计算

$$\varepsilon = \frac{U_x - K_0 U_0}{K_0 u_0} \times 100\% \tag{3 – 5}$$

式中  $K_0$——标准直流高压分压器的标称分压比；

$U_0$——标准直流高压分压器的二次输出电压；

$U_x$——被检直流电压互感器的一次电压测量值。

2. 试验项目

（1）基本误差试验。在被校直流电压互感器的 10%、20%、50%、80%、100% 额定电压下进行基本误差试验。

（2）变差试验。完成被校直流电压互感器 100% 额定电压下的基本误差试验后，将电压迅速降低到被校直流电压互感器的 50% 额定电压，并进行基本误差测量。

（三）试验步骤

（1）完成试验设备的定位和组装。试验设备准备组装在图 3 – 16 显示的草坪上，需注意草坪泥土的沉降，做好设备基础的平整，均压等措施。

（2）完成一次接线、二次接线以及试验电源的连接。

1）试验电源的选取如图 3 – 17 所示，距离试验设备 60m，电流 100A。拟准备电源线 100m，另外再准备 50m 备用。

2）被试品断开点为三个，分别是图 3 – 18 的隔离开关（一），图 3 – 19 的隔离开关（二），图 3 – 20 的母线连接。三个断开点后被试品的另一端分别夹引地线。隔离开关断开后距离大于 6m，平波电抗器断开后距离大于 7m，满足试验要求的安全距离。

3）试验设备和被试品的连接点在图 3 – 21 所示的均压环上。

（3）进行试验设备的自查，自我标定。避免在设备的运输过程中出现故障，保证接下来的试验数据准确可靠。

（4）进行被试品的线性度试验。

图3-16　草坪

图3-17　试验电源选取

图3-18　隔离刀闸（一）

图3-19　隔离刀闸（二）

图3-20　母线连接处

图3-21　均压环

　　试验时挂接在母线上的设备如图 3-22 所示，从左往右依次为电流互感器、绝缘支撑、避雷器、绝缘支撑、电压互感器、耦合电容器、绝缘支撑。所有设备在电压为 800kV 时的总电流小于 3mA，标准分压器和电源本身电流小于 2mA，考虑到被试表面污秽程度引起的电流等因数及留有合适的裕量，所以试验电源选择 800kV、10mA 的直流电压源。

　　被试品电压互感器的线性度试验直接在图 3-23 所示互感器底部的端子箱内取信号，利用同步采样的双表进行误差试验，根据数据判断被试品的分压比曲线变化。

图 3-22　线性度试验图

图 3-23　互感器端子箱

数据记录见表 3 -5。

表 3 -5　数据记录表

| 试验电压（kV） | 标准电压（kV） | 被试品电压（kV） | 计算分压比（kx） | 备注 |
|---|---|---|---|---|
| 80 | | | | |
| 160 | | | | |
| 400 | | | | |
| 640 | | | | |
| 800 | | | | |

（5）对一分为三的 5V 输出点进行数据采样。三路独立的 5V 信号分别在控制柜 A、B、C 中。

对 A 柜的 5V 信号进行校准时，将数字多用表 B 的测量端子分别接入 A 柜的端子 +1H27. X3. 2 和 +1H27. X3. 4 中，如图 3 -24 所示。通过数字多用表 B 的测量结果计算出被试品测量电压。

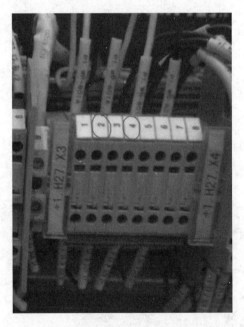

图 3 -24　A 柜校准接线示意图

试验时，一次接线与线性度试验接线相同，用数字多用表 A 测量标准器的输出信号，通过数字多用表 A 的测量结果计算出标准器测量电压。加压点分别为 10%、20%、50%、80%、100%，数据记录见表 3 -5。

该校准试验采用 GPS 的无线同步方式，保证校准试验的可靠性。

按照相同的方法，对 B 柜和 C 柜的 5V 信号进行校准。

（6）在互感器末端的主控室进行数据采样，完成极 I 、II 电压互感器的全部试验。三路独立的数字信号分别在主控室的计算机中实时显示。利用同轴电缆将标准信号引入到主控室，利用相机进行同框拍摄同步采集数据（长距离的同轴电缆对标准信号的衰减会在实验室进行模拟试验，确保现场试验时数据的准确可靠）。

试验时，一次接线与线性度试验接线相同，用数字多用表 A 测量标准器的输出信号，通过数字多用表 A 的测量结果计算出标准器测量电压。加压点分别为 10% 、20% 、50% 、80% 、100% 。

（7）进行中性点电压互感器的误差试验。直接将如图 3-25 所示中性点电压互感器上端连接母线的连接线断开，分别进行线性度试验和整体的误差试验（试验电压最高为 40kV）。

**图 3-25　中性点电压互感器的误差试验**

（8）拆除设备，装车。清理现场，完成这次试验任务。

（四）试验设备主要清单

试验设备主要清单见表 3-6。

表 3-6　试验设备主要清单

| 设备名称 | 数量 | 技术指标 |
|---|---|---|
| 直流电压源 | 1 台 | 额定电压：800kV；额定电流：10mA；稳定度：0.05% |
| 直流电压源 | 1 台 | 额定电压：100kV；额定电流：5mA；稳定度：0.05% |
| 标准分压器 | 1 台 | 额定电压：1200kV；准确度等级：0.1 级 |

续表

| 设备名称 | 数量 | 技术指标 |
|---|---|---|
| 标准分压器 | 1台 | 额定电压：500kV；准确度等级：0.02级 |
| 标准分压器 | 1台 | 额定电压：100kV；准确度等级：0.02级 |
| 电子式互感器校验仪 | 1台 | 与试品的合并单元兼容；具有模拟通道和数字通道；模拟通道准确度：0.01%；数字通道准确度：0.01% |
| 数字多用表 | 2台 | 准确度等级：0.01级 |
| 供电电源线和空气开关 | 若干 | — |
| 高压线、接地线 | 若干 | — |
| 测量电缆 | 若干 | — |
| 光纤 | 200m | — |
| 棒棒线、夹子、叉子 | 若干 | — |
| 工具 | 2套 | — |
| 安全帽 | 15顶 | — |
| 安全带 | 2套 | — |
| 警戒线 | 100m | — |
| 警示牌 | 2个 | — |
| 对讲机 | 4个 | — |

（五）试验人员及分工

试验人员及分工见表3-7。

表3-7 试验人员及分工

| 单位 | 单位分工 | 人员 | 人员分工 |
|---|---|---|---|
| 某某 | 负责试验设备准备负责现场试验操作 | 某某 | 负责试验设备清点；负责标准分压器和电压源设备准备；负责现场试验总体安排；负责协调沟通 |
| | | 某某 | 协助一次接线；试验时升压 |
| | | 某某 | 协助设备清点；协助一次接线 |
| | | 某某 | 负责一次接线 |
| | | 某某 | 负责电子式互感器校验仪设备准备； |
| | | 某某 | 负责二次接线；负责记录试验数据 |
| | | 某某 | 协助一次、二次接线 |
| | | 某某 | 负责后勤；协助协调沟通 |

注 施工人员以现场工作票上为准。

实行持证上岗制度。试验的所有管理人员及技术人员，应经过业务考核和技能培训，持高压试验上岗证上岗。

进入试验的所有管理人员和操作技术人员应实行挂牌制，注明操作者姓名、工作岗位，以便试验过程中随时发现问题能对号到人头，及时纠正和改进。

（六）安全事项

始终坚持"安全第一，预防为主"的总方针，在试验中杜绝一切违章作业。

1. 危险源分析

危险源分析见表 3-8。

表 3-8　危险源分析表

| 序号 | 内容 |
|---|---|
| 1 | 作业人员进入作业现场不戴安全帽，不穿绝缘鞋可能会发生人员伤害事故 |
| 2 | 作业人员进行电源供电电源接线时不符合操作程序，造成触电 |
| 3 | 试验现场不设安全围栏，会使非试验人员进入试验场地，造成触电 |
| 4 | 升压升流时无人监护，可能会造成误加压或非试验人员误入试验场地，造成触电 |
| 5 | 升压升流过程不实行呼唱制度，可能会造成人员触电 |
| 6 | 试验设备接地不好，可能会对试验人员造成伤害 |
| 7 | 变更试验接线，不断开电源，可能会对试验人员造成伤害 |

2. 安全措施表

安全措施见表 3-9。

表 3-9　安全措施表

| 序号 | 内容 |
|---|---|
| 1 | 进入试验现场，试验人员必须戴安全帽 |
| 2 | 现场试验工作必须执行工作票制度，工作许可制度，工作监护制度，工作间断、转移和终结制度 |
| 3 | 试验现场应装设遮栏或围栏，悬挂"止步，高压危险！"的标示牌，并有专人监护，严禁非试验人员进入试验场地 |
| 4 | 进行电源接线时，应首先接通调压器输出端后端的接线，检查无误后，再连接电源和调压器输入端。在进行电源连接前，应检查，电源无输出电压后再连接 |
| 5 | 电源与调压器输入端必须经由断路器连接，在没有进行试验的时候，断路器必须在关闭状态 |
| 6 | 试验器具的金属外壳应可靠接地，试验仪器与设备的接线应牢固可靠 |

| 序号 | 内容 |
|------|------|
| 7 | 工作中如需使用梯子等登高工具时，应做好防止瓷件损坏和人员高空摔跌的安全措施 |
| 8 | 试验装置的电源开关，应使用具有明显断开点的双极刀闸，并有可靠的过载保护装置 |
| 9 | 开始试验前，负责人应对全体试验人员详细说明在试验区应注意的安全注意事项 |
| 10 | 试验过程应有人监护并呼唱，试验人员在试验过程中注意力应高度集中，防止异常情况的发生。当出现异常情况时，应立即停止试验，查明原因后，方可继续试验 |
| 11 | 变更接线或试验结束时，应首先将加压设备的调压器回零，然后断开电源侧隔离开关 |
| 12 | 试验结束后，试验人员应拆除试验临时接地线，并对被试设备进行检查和清理现场 |

# 第四章　直流特高压电流互感器现场误差测量

本章节介绍直流大电流测量方法、直流特高压电流互感器误差基本知识、直流特高压电流互感器误差测量系统以及直流特高压电流互感器典型案例分析。

## 第一节　直流大电流测量方法

### 一、早期直流电流互感器法

早期直流电流互感器是 1936 年德国克莱麦尔教授研制成功的。它利用被测直流改变带有铁芯扼制线圈的感抗，间接地改变辅助交流电路的电流，从而反映被测电流大小。常用的串联型直流电流互感器的工作原理如图 4－1 所示。

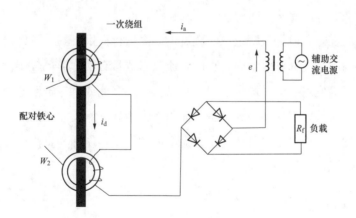

图 4－1　串联型直流电流互感器的工作原理

直流电流互感器的两个闭合铁芯是用导磁系数很高的铁磁物质制成的，且大小相同。一次绕组相同，其中通过直流被测电流 $i_d$。两个独立的二次绕组相同并反相串联，通过桥式整流器接到辅助交流电源上。假定铁芯的基本磁化曲线为理想的矩形磁化曲线，则在很少的安匝下就可达到饱和。由于两个二次绕组相对连接，因而在辅助交流 $i_a$ 的每半个周期中，一个铁芯的交流分量与一次绕组直流所产生的磁通相加，同时在另一铁芯里则相减。在磁通相减的铁芯中，当 $i_d W_1 = i_a W_2$ 时，两部分安匝相等，磁通发生急剧的变化，使二次绕组感生电动势，如果略去互感器二次侧和负荷上的压降，则此电动势和二次侧加上的交流电压相平衡。在磁通相加的铁芯中，由于二者磁通同向，磁感应强度不变。因此只要做到 $i_d W_1 = i_a W_2$，则二次电流大小同所加的交流电大小无关，而与一次直流电流成正比，其性质同交流电流互感器。

在直流电流互感器里，当使用的铁芯材料具有理想的磁化特性时，如果忽略辅助交流回路的阻抗，从理论上可以证明，交流回路电流的平均值正比于被测直流。实际上这种理想情况是不可能实现的，因为磁化曲线不为理想矩形，交流回路的阻抗也不可能为零，因此直流电流互感器存在比较大的误差，特别是当被测电流相对互感器的额定电流来说较小时，误差更大。这是直流电流互感器难以克服的缺点。除了非理想化因素外，互感器中的杂散磁通和漏磁通还会对直流互感器的测量结果产生影响。直流电流互感器的准确度不高，一般在50%～120%额定电流下，误差为0.2%～0.5%，同时还易受外磁场影响。尽管这样，由于它简单可靠，功率消耗小，同时又能承担一定负荷，所以在工业上仍有应用。

为保证具有足够的准确度，直流电流互感器的尺寸是随被测电流增大而增大的。因此对较大的被测电流，趋向采用补偿式直流电流互感器。这种互感器，除了原有的一次绕组、二次绕组外，还有一个补偿绕组，其中通过直流电流，目的在于补偿被测电流产生的部分磁通势。采用此法，对同样大小的铁芯，既可以提高被测电流的额定值，又可以降低互感器的误差，但补偿绕组中的直流电流需另行提供。

根据上述的工作过程可以看到，直流电流互感器具有功率消耗较小、稳定可靠、二次负荷能力较强等优点，但其测量准确度不高，需要交流或直流辅助电源，尤其在直流高压情况下，绝缘的要求将使辅助设备的体积大大增加。需要注意的是，除上述原理的直流电流互感器外，现在也将其他测量直流电流的互感器统称为直流电流互感器，只是在前面对各自的原理再加以注明。

**二、直流电流比较仪法**

比较仪在电磁测量技术中应用十分广泛，有的比较仪将被测量与已知的同种类的量直接相比较，也有的将被测量和已知量变换为别的相同量间接相比较。直流电流比较仪属于后一种情况，将被测电流和已知电流变换为与电流有关的磁学量进行比较。

图4-2为直流电流比较仪的传感原理。在图中所示的闭合铁芯上，绕组 $W_1$ 通过被测电流，绕组 $W_2$ 称为平衡绕组，它通过的是已知电流或比较容易测定的电流。在利用比较仪测量直流电流时，根据已知电流通过平衡绕组在铁芯中所产生的磁通势与被测电

流产生的磁通势相互平衡，从而确定被测电流。当这两个磁通势达到平衡时

$$I_1 W_1 = I_2 W_2 \qquad\qquad (4-1)$$

由此求得

$$I_1 = I_2 \frac{W_2}{W_1} \qquad\qquad (4-2)$$

当 $W_2 \gg W_1$ 时，测量小电流 $I_2$，便可以确定大的被测电流 $I_1$。在利用直流电流比较仪测量直流大电流时，首先需实现已知电流和被测电流产生的磁通势相比较；然后判断已知电流和被测电流产生的磁通势是否达到平衡。为了使已知电流和被测电流所产生的磁通势相比较，从理论上来说应保证铁芯为闭合的环形；铁芯截面细而均匀；被测电流和平衡电流关于圆心对称分布。只有这样，铁芯才能被均匀磁化，磁通势沿铁芯才能对称分布，从而互相进行比较。

为判断两个直流电流所产生的磁通势是否相互平衡，通常在铁芯上再绕一个辅助绕组 $W_a$，首先用交流激励铁芯，然后进行检测。其检测办法有两种：一种是利用磁调制原理，根据检测绕组 $W_a$ 感应电压中双倍于交流激励电源频率的分量来判断；另一种是利用磁放大器原理，根据辅助交流电路中电流奇次谐波的分量来判断。前者准确度很高，电流变比可达 $10^{-6}$，电压输出变比可达 $10^{-4}$，适合于校验直流大电流测量装置，后者准确度略低。

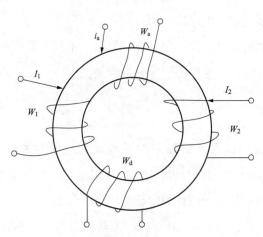

**图 4-2　直流电流比较仪的传感原理**

图 4-3 所示为方波激励、双铁芯磁调制原理直流电流比较仪的整体结构。磁调制直流电流比较仪主要由三部分组成：磁调制传感器、方波激励源和反馈平衡电路。磁调制传感器包含带激励绕组的配对铁芯、反馈绕组和检测绕组，另外，还有相应的磁屏蔽和静电屏蔽。比较仪工作过程如下：振荡器产生方波，通过分频、移相及功率放大，输出具有一定功率的方波信号对配对铁芯进行饱和激励。当被测直流为零时，两铁芯处于

对称激励状态，不产生偶次谐波；当被测直流电流不为零时，产生相应的偶次谐波。偶次谐波信号通过检测绕组反馈，经放大、滤波及相敏解调成直流信号，该直流信号通过功率放大送反馈绕组以平衡被测直流电流安匝，保证铁芯处于磁通平衡。功率放大输出的反馈电流通过与反馈绕组相串联的标准电阻产生一个与被测电流成正比的电压信号，测量该信号就可得被测量。

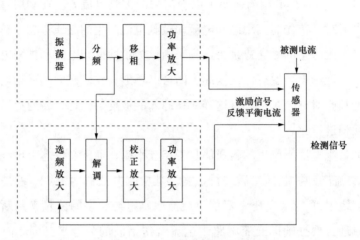

**图 4-3 直流电流比较仪的整体结构**

葛洲坝—上海的 $\pm 500kV$ 直流输电工程中，引进了德国的直流电流比较仪，此比较仪采用磁调制原理实现了直流大电流的测量。

直流电流比较仪测量准确度高，但系统较复杂，不仅需要对称的激励源，还需要反馈功率源，高压绝缘难度大，这些限制了它的应用。

### 三、核磁共振法

在电磁波作用下原子核在外磁场中的磁能级之间的共振跃迁现象称为核磁共振（nuclear magnetic resonance）。核磁共振法是近代测量均匀恒定磁场最精密的一种方法，它是利用具有自旋角动量的原子核在恒定磁场中会引起振动，其振动频率与磁感应强度成比例这一原理来实现的。20 世纪 70 年代，苏联的斯佩克托尔将这原理成功地用来测量直流大电流。他的重大贡献在于研制出了一种圆柱形 $I-B$（电流-磁场）变换器，在此变换器气隙内能获得均匀磁场，而且均匀磁场的磁感应强度与被测电流的关系可以根据变换器的几何尺寸简单地计算出来。

利用核磁共振原理里做成的磁强计可以测量均匀度在 $10^{-3}T/cm$ 以上的恒定磁场，测量的准确度可达到 $10^{-6}$ 数量级，它是一种精密测量磁场的方法。由于核磁共振是基于测量原子核核磁矩在磁场做进动的进动频率，而对于某一物质的原子核的旋磁比又为固定不变的常数，因此核磁共振法测量磁场属于绝对测量。核磁共振测磁场不需要定标，只需依据共振磁场的旋磁比和共振频率便可算出磁感应强度。因此常用它做标准磁场量具的基准。

用核磁共振法测量直流大电流的原理如图 4-4 所示。要利用核磁共振法测量直流大电流，首先必须建立一个将电流变换为磁场的变换器，这个变换器应具备以下条件：①由被测电流建立的磁场在变换器所占据的空间里应有足够的均匀度；②所建立场的磁感应强度不应太小，因为磁感应强度太小，核磁共振信号微弱，信噪比小，难以测量；③所建立磁场的磁感应强度与被测电流呈线性关系，且它们之间的关系可以根据理论计算或用实验的方法准确测定；④被测电流中交变分量应尽量小，否则会产生干扰。另外变换器还应满足测量的一般要求，如尺寸小、功耗小、性能稳定可靠等。

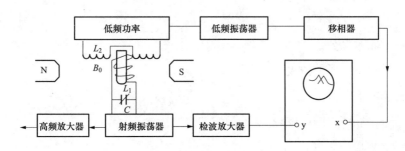

图 4-4　核磁共振法测直流大电流的原理

由电流变换为磁场的一次变换器的形式可以是多种多样的。符合上述条件的、比较理想的一种变换器是一根挖有偏心圆形空气沟的圆柱形导体。这是一种单汇流排变换器，其圆柱形空气沟的轴线平行于汇流排的轴线。在电流沿汇流排截面均匀分布的情况下，空气沟里磁场是均匀的，并且可以精确计算出来。

用核磁共振法测量直流大电流的误差由两部分组成。第一部分为变换器的误差，包括由于变换器几何尺寸不准确所引起的误差、由于电流沿变换器截面分布不均匀所引起的误差、变换器材料的磁导率引起的误差以及温度和外磁场引起的误差。第二部分为采用核磁共振法测量磁感应强度引入的误差，包括测量旋磁比所引起的误差；用核磁共振法测量磁感应强度时，由于判断调谐共振点不准确带来的误差；核磁共振变换器里安置样品的容器对被测磁场的屏蔽作用也会产生误差，但这三项误差均不超过 $1 \times 10^{-6}$ 量级。

采用该方法测量直流大电流，只要保证一次变换器的误差较小，就可以获得较高的测量准确度。但必须看到的是，高准确度是有代价的，核磁共振测量磁场需要昂贵的仪器设备及复杂的检测方法，不可能在现场高压下进行实时测量。

### 四、霍尔变换器法

1879 年，美国 24 岁的物理学家 E. H. 霍尔（Edwin Herbert Hall）在其导师罗兰（Rowland）的指导下发现了霍尔效应，利用霍尔效应研制的霍尔变换器在测量领域中获得广泛的应用。霍尔变换器通过对磁场的测量，间接地测量电流，也是直流大电流测量的一种常用方法。

霍尔变换器的工作原理是载流半导体在磁场中产生电动势的霍尔效应，根据作用在载流子上力的平衡条件，得到霍尔电动势

$$E_H = \frac{R_H}{d} B I_c$$

$$R_H = -\frac{1}{ne}$$

(4 – 3)

式中   $R_H$——霍尔系数；

       $n$——自由电子的浓度；

       $e$——电子电荷；

       $d$——半导体片的厚度；

       $B$——磁感应强度；

       $I_c$——控制电流。

不论空间是否存在杂散磁场或铁磁物体，以及载流导体的几何形状和相互位置如何，被测电流及所产生的磁场都要服从于全电流定律。利用多个霍尔变换器围绕被测载流导体，在遵循定一定条件放置时，测量空间各点的磁感应强度，然后叠加，便可以反映被测电流的大小。但是这种仪器灵敏度不高。它主要受以下几个因素的影响：

（1）不等电位电势。它是由于霍尔变换器两个侧面上的霍尔电极放置不对称、元件形状和材料不对称，控制电流在电极产生不等电位引起的。霍尔元件的不等电位电势的数值可能在 $100\mu V$ 以下。

（2）热电动势。它是由于材料不均匀，沿半导体薄片的热量分布不一致，因此在霍尔电极之间存在温差引起的。

（3）干扰电动势。它是由于半导体内载流子浓度局部起伏，温度分布随时间、空间变化等原因引起的。

（4）非线性特性。霍尔变换器的线性误差与半导体材料的性质及其几何尺寸有关，与霍尔电动势输出端所接的负荷有关。

霍尔电动势与磁密的关系如图 4 – 5 所示，霍尔元件线性度与磁密的关系如图 4 – 6 所示，以上曲线均为在控制电流为恒定的假设条件下的关系曲线。

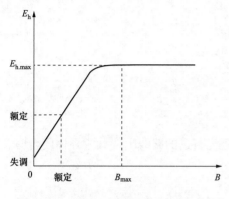

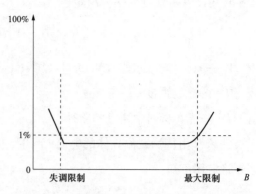

图 4 – 5　霍尔电动势与磁密的关系　　　　图 4 – 6　霍尔元件线性度与磁密的关系

（5）温度的影响。霍尔变换器的灵敏度、输入电阻、输出电阻和剩余电动势都与温度有关，因此霍尔元件存在着较大的温度误差。对于性能较好的霍尔元件，由温度引起的霍尔电动势的变化为 0.02 ~ 0.1%/°C。

霍尔变换器的参数与温度的物理关系比较复杂，消除温度影响的方法可在外部通过软件来进行补偿，这样的调节比较灵活，可以根据实际零点变化情况跟踪进行调节。

为提高霍尔变换器的灵敏度，一种改进的方法是以铁磁物体作为导磁体，而将霍尔变换器放在铁磁体的气隙内，测量多个气隙内的磁感应强度，然后总加。很明显当铁磁体部分总的磁位降远小于气隙内的磁位降时，便可以近似的确认被测电流的大小。按照这种设想制作的仪器的灵敏度较高，但线性误差较大，且只适用于被测量电流不是很大的场合，否则铁磁体会过于庞大笨重。

另一种改进的方法是根据直流比较仪的原理，沿着铁磁体再绕个平衡绕组，而放在铁芯气隙内的霍尔变换器只作为磁通势平衡检测器。由此检测的信号，经过放大，控制平衡绕组所通过的电流。此方法线性度好，受外磁场和温度影响小。此外，这类测量装置的铁芯可以开口，安装时不需要断开被测电路，在冶金行业直流电解槽的电流测量中得到了较广泛的应用。这种电流检测方式的不足在于：霍尔元件性能易受温度影响，比较仪测量法需要外接平衡电流，且绝缘困难。

## 五、光学法

光学电流传感器不仅可以测量交流电流，还可以测量直流电流。直流光学电流传感器是利用磁光效应原理制成的。在光学各向同性的透明介质中，外加磁场 $H$ 可以使介质中沿磁场方向传播的线偏振光的偏振面发生旋转，这种现象称为法拉第效应或磁光效应。

根据磁光效应，一束线偏振光沿磁场方向通过法拉第材料，光的偏振面会发生旋

转，旋转角度 $\theta$ 由式（4-4）决定

$$\theta = V\int_L H\mathrm{d}l \tag{4-4}$$

式中　$V$——材料的维尔德（Verdet）常数；

　　　$H$——磁场强度；

　　　$l$——光在材料中通过的路径。

当磁场 $H$ 由待测载流导体的电流 $i$ 产生，且光行进的路线围绕载流导体闭合时，由安培环路定律可知

$$\theta = V\int_L \bar{H}\mathrm{d}\bar{l} = Vi \tag{4-5}$$

因此，测出角度 $\theta$，即可测出电流 $i$。

设光学传感器输入光强为 $I_\mathrm{i}$，输出光强为 $I_\mathrm{o}$，起偏器与检偏器的夹角满足一定要求，由电流引起的偏振面偏转角为 $\theta$，则根据马吕斯定律，有

$$I_0 = I_\mathrm{i}\cos^2(45° + \theta) = \frac{1}{2}I_\mathrm{i}(1 + \sin2\theta) \tag{4-6}$$

输出通过 90° 分光棱镜，可得到两个光强输出 $I_\mathrm{o1}$、$I_\mathrm{o2}$

$$I_\mathrm{o1} = \frac{1}{2}I_\mathrm{i}(1 + \sin2\theta), I_\mathrm{o2} = \frac{1}{2}I_\mathrm{i}(1 - \sin2\theta)$$

$$\sin2\theta = \frac{I_\mathrm{o1} - I_\mathrm{o2}}{I_\mathrm{o1} + I_\mathrm{o2}}, 2\theta = \arcsin\frac{I_\mathrm{o1} - I_\mathrm{o2}}{I_\mathrm{o1} + I_\mathrm{o2}} = 2Vi \tag{4-7}$$

设待测直流电流为 $I_\mathrm{d}$，则

$$I_\mathrm{d} = \frac{1}{2V}\arcsin\frac{I_\mathrm{o1} - I_\mathrm{o2}}{I_\mathrm{o1} + I_\mathrm{o2}} \tag{4-8}$$

这样根据测量光学电流传感器的两个光强输出 $I_\mathrm{o1}$ 和 $I_\mathrm{o2}$，并进行适当地计算处理，就可以得到被测直流电流 $I_\mathrm{d}$。这种方法的优点与交流光学电流互感器相同，一次部分不需任何有源设备和器件，十分有利于绝缘，且具有优良的抗电磁干扰性能，但磁光材料生产困难，输入输出偏振光分路进出，测量范围受限。

为了克服这些缺点，近年来研究的热点转向全光纤型电流互感器。全光纤型电流互感器主要利用磁光效应，主要有光强调制和相位调制两种方式，由于光强调制方式的稳定性容易受到温度和振动影响，目前还没有较好的解决方法，因此目前主要采用相位调制的方式进行测量。基于干涉检测方法的全光纤电流互感器并不是直接检测光的偏振面的旋转角度，而是通过受磁光效应作用的两束偏振光的干涉，并检测其相位差的变化来测量电流。从结构上看，基于干涉检测方法的全光纤电流互感器主要可以分为环形结构和反射结构。

如图 4-7 所示，光路主要由低相干光源、光耦合器、偏振器、相位调制器等组成。

该结构的本质是利用两束光干涉的原理测量电流。由光源发出的光经过光耦合器后由偏振器起偏变成线偏振光，恰在保偏光纤的光轴上的光能保持这种偏振状态，然后经过一个 45°角熔接进入第二段保偏光纤，因此，在这段光纤两个光轴上的电场矢量的分量相等。这两个分量成为两个分别在两个光轴上互相垂直（$X$ 和 $Y$ 轴）的线偏振光，分别沿保偏光纤的 $X$ 轴和 $Y$ 轴传输。这两个正交模式的线偏振光在光纤相位调制器处受到相位调制，而后经过 $\lambda/4$ 波片，分别转变为左旋和右旋的圆偏振光，并进入传感光纤。两束圆偏振光的偏振模式互换，然后再次穿过传感光纤，使磁光效应产生的相位加倍。在两束光再次通过 $\lambda/4$ 波片后，恢复成为线偏振光，并且原来沿保偏光纤 $X$ 轴传播的光变为沿保偏光纤 $Y$ 轴传播，原来沿保偏光纤 $Y$ 轴传播的光变为沿保偏光纤 $X$ 轴传播。分别沿保偏光纤 $X$ 轴、$Y$ 轴传播的光在光纤偏振器处发生干涉。通过测量相干的两束偏振光的非互易相位差，就可以间接地测量出导线中的电流值。

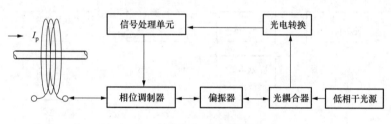

图 4 - 7　全光纤电流互感器的原理

## 六、分流器法

利用电阻量具测量直流大电流是人们最早采用的一种方法，它是根据被测电流通过已知电阻上的电压降来确定被测电流大小的。电阻量具有两种形式，一种是标准电阻，另一种是分流器。前一种存放在实验室，作为校验直流大电流测量装置的标准，后一种用在生产条件下，作为测量直流大电流的电阻量具。分流器一般由锰镍铜合金制成，有两个电流端钮和两个电位端钮。利用分流器测量直流大电流的优点是结构简单、不需辅助电源、性能稳定可靠、测量的准确度不受磁场的影响，并且它是外磁场实际上对测量准确度毫无影响的唯一方法。分流器测量的缺点也很突出：接入时必须断开被测电流，分流器功率消耗大，从而引起发热出现附加误差，所以分流器般仅用于测量 10kA 以下的电流。由于分流器的串入被测回路与之发生了电流的直接联系，传统上认为不可能用此方法直接测量高压电路中的电流。在高压直流输电中，由于电压等级的升高，母线电流容量一般都不大，若额定一次电流在 10kA 以下完全可考虑采用分流器，结合光纤进行信号传输，可大大简化高压绝缘结构，实现高低压电隔离。由于分流器不需要任何辅助设备，较之其他的高压直流电流测量方法，它体积小、质量轻、结构简单、不受干扰、整体优点突出。

# 第二节　直流特高压电流互感器误差基本知识

## 一、直流电流互感器的工作原理

直流电流互感器（DC current transformer）又称直流电流测量装置，是一种提供与一次回路直流电流相对应信号的装置，供给测量仪器、仪表和保护或控制设备。

目前直流输电系统使用的直流电流互感器可分为电子式和电磁式，电子式进一步可分为基于分流器原理的有源光电式和基于 Faraday 磁光效应的无源全光纤式，而电磁式一般基于零磁通原理。其中光电式最普遍，零磁通式次之，全光纤式使用较少。直流电流互感器通用原理图如图 4-8 所示。

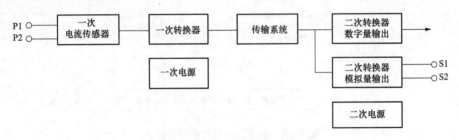

**图 4-8　直流电流互感器通用原理图**

（一）光电式直流电流互感器

光电式直流电流互感器，也称有源光电式直流互感器，采用分流器作为直流电流传感器，同时可能包含 Rogowski 线圈作为谐波电流传感器，基本原理如图 4-9 所示。

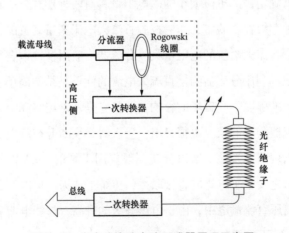

**图 4-9　光电式直流电流互感器原理示意图**

　　分流器或 Rogowski 线圈输出的电压信号进入一次转换器。在一次转换器内，传感器的电压信号经过滤波、放大等信号调理电路，进入 A/D 转换进行数据采集，并通过电－光转换环节转换为数字光信号，再由光纤传输至二次转换器。二次转换器将光信号转换为电信号，处理后送至控制保护系统。通常二次转换器输出为数字量。

　　一次转换器的电子电路采用激光供电技术，二次转换器中的激光器将激光传输至高压侧，经过光电转换作为高压侧电路的供电电源。

　　光电式直流电流互感器的主要优点表现在其绝缘结构很简单，采用光纤绝缘子作为主绝缘。其缺点是电子元器件很多，部分位于户外，工作环境较为恶劣，任何一个元器件的损坏都可能造成系统的失效。因此一般有冗余配置，一套互感器配备有独立运行 2～4 套电子电路模块，各模块均处于热备用状态。

　　（二）全光纤式直流电流互感器

　　全光纤式直流电流互感器采用光纤作为一次电流传感器，基于 Faraday 磁光效应和 Sagnac 干涉原理。图 4－10 为全光纤式直流电流传感器的原理图。

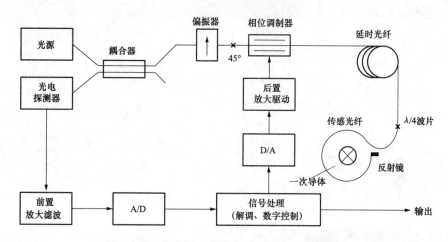

图 4－10　全光纤式直流电流互感器原理示意图

　　由光源发出的光经过一个耦合器后由光纤偏振器起偏。光纤偏振器的尾纤与相位调制器的尾纤以 45°角熔接，这样偏振光就被分为两束，分别沿偏振光纤的 X 轴和 Y 轴传输。这两束正交模式的线偏振光在相位调制器处受到相位调制，而后这两束光经过 λ/4 波片，分别转变为左旋和右旋的圆偏振光，并进入传感光纤。被测电流产生磁场，在传感光纤中由于 Faraday 磁光效应作用，这两束圆偏振光以不同的速度传输，在反射镜端面处发生反射后，两束圆偏振光的偏振模式互换（即左旋光变为右旋光，右旋光变为左旋光），然后再次穿过传感光纤，使 Faraday 磁光效应产生的相位偏转加倍。在两束光再次通过 λ/4 波片后，恢复成为线偏振光。最终携带相位信息的两束正交线偏振光在光纤偏振器处发生干涉，干涉结果由耦合器进入光电探测器。

光电探测器接收到的信号，经过光电转换、滤波放大、A/D 转换后进行解调。解调后的信号作为误差控制信号，经过数字控制运算后，产生斜坡信号，通过反馈 D/A 及其驱动电路后加到相位调制器，以使相位调制器在光纤环中施加非互易的反馈补偿相移，该反馈相移与外部电流导致的 Faraday 相移大小相等、方向相反，形成光纤电流互感器闭环系统。信号处理系统通过获取该补偿相移的大小，经过比例因子转换得出被测电流的大小。

（三）电磁式直流电流互感器

电磁式直流电流互感器采用零磁通原理，由安装于复合绝缘子上的一次载流导体、铁芯、绕组和二次控制箱（室内部分）等部件组成，基本原理如图 4-11 所示。

振荡器和峰差检测器通过给铁芯施加交流激励，将一次、二次电流的安匝差转换成直流控制电压，并驱动反馈功率放大器，给二次绕组提供二次电流，实现一次、二次电流的安匝平衡。一次电流与二次电流之比为一次绕组和二次绕组匝数的反比。电压输出单元将二次电流转换为二次电压输出。

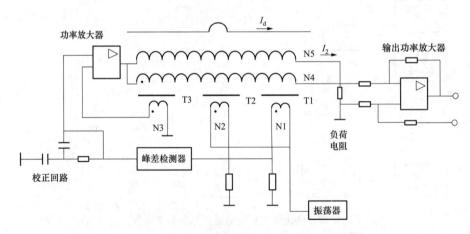

图 4-11　零磁通式直流电流互感器原理示意图

零磁通式直流电流互感器可以用来测量直流或者交流电流。零磁通式直流电流互感器可看成是由磁积分器和磁调制器组成。零磁通式直流电流互感器测量单元原理如图 4-11 所示，铁芯 T1、T2 和 T3 各对应的辅助绕组为 N1、N2 和 N3，并且同匝数的补偿绕组 N4 和校准绕组 N5 围绕 3 个铁芯，N5 在校准补偿绕组 N4 时才被打开使用，正常运行时与 N4 并联在一起工作。由图 4-11 可知，磁积分器由 N3、N4、N5 以及功率放大器和负荷电阻构成；绕组 N1、N2 以及峰值检测器及振荡器组成磁调制器，磁积分器的工作原理是利用功率放大器消除绕组 N3 上产生的感应电动势，使一次绕组产生的磁动势与二次绕组 N4 产生的磁动势完全平衡，一次绕组和二次绕组的安匝数平衡。

磁调制器的工作原理是靠振荡器激励 T1、T2 进入饱和状态。当铁芯 T1 和 T2 饱和时，电流陡增。N1 绕组的电流激增将被峰值检测器感应到，N2 用来平衡由 N1 产生的磁通量。如果铁芯内是纯直流磁通量，峰值探测器会感应到正负峰值并向功率放大器提供一个校正信号。

被测直流电流 $I_d \neq 0$ 时，峰值检测器输出校正电压 $U_r$，$U_r$ 控制磁积分器的放大器，使功率放大器输出二次侧补偿电流 $I_2$，从而使铁芯中的安匝数完全平衡。当 $I_d$ 越大时，功率放大器产生的补偿电流就越大；反之就越小。实际上，由于功率放大器有限的增益和磁通量的漂移，一次绕组与二次绕组的磁动势不能保持完全平衡。为了恢复安匝数的平衡，需形成一个具有负反馈的系统，磁积分器就用来实现这个目的。磁通的一切变化都会在绕组 N3 中产生感应电压，感应电压在积分器的反相输入端驱动。从而改变功率放大器输出的补偿电流 $I_2$，使一次和二次绕组产生的磁动势完全平衡。通过测量补偿电流在负载电阻上形成的直流电压信号，就能得到一次测电流信号的大小，实现直流电流测量的目的。

## 二、直流电流互感器的结构

直流电流互感器通常安装在换流站的高压直流线路端以及换流站内中性母线和接地极引线处，其输出信号用于直流系统的控制和保护。对直流电流测量装置的主要技术性能要求是输出电路与被测主回路之间要有足够的绝缘强度、抗电磁干扰强度、测量精确度和响应时间快等。对用于控制的直流互感器装置，当被测电流在最小保证值和过负荷运行电流之间时，测量误差应不大于额定电流的 ±0.2%，暂态时输出信号瞬时值可达到额定电流的 600%。

前文所述目前直流电流互感器有光电式、全光纤式和电磁式直流电流互感器三种。电磁式直流电流互感器一般用于直流中性线上，光电式、全光纤式一般用于直流极线上。据统计数据表明，国家电网有限公司系统 ±100kV 及以上电压等级在运的直流电流互感器中采用有源光电式结构的占了 95%，而无源（全光纤）直流电流互感器的技术门槛较高且价格昂贵，实用化程度不高，目前只有阿尔斯通公司在该领域有产品挂网运行。

（一）光电式直流电流互感器

光电式直流电流互感器（OCT）根据使用场合的不同可以分为测量直流电流的 OCT、测量直流电流谐波分量的 OCT 等，光电式电流互感器的主要组成部分为高精度分流器（分流电阻或 Rogovski 线圈）、光电模块、信号传输光纤及光接口模块，其工作原理是将电流信号通过采样线圈转换成为电压信号，再经多路信号 AD 采样系统转变成数字信号，通过发光二极管（LED）将时钟和数据信号由光纤传递给低电位侧的信号接收部分。

与传统电流互感器相比较，OCT 具有如下优点：①高低压完全电气隔离，绝缘结构简化，具有优良的绝缘性能，安全性能高；②采用了光传输，抗干扰能力强；③无铁芯，故不存在磁饱和、铁磁谐振等问题；④功能齐全，测量准确度高；⑤无噪声、污染小、环保性能好；⑥体积小、质量轻。±800kV 云广线特高压直流电流互感器（光电式）如图 4 – 12 所示。

图 4 – 12　±800kV 云广线特高压直流电流互感器（光电式）

（二）纯光学式直流电流互感器

纯光学式直流电流互感器与光电式电流互感器的信号传输及处理回路基本相同，都是由光纤将测量信号从设备本体传输至控制保护室内，再经过处理转变为数字信号传输至控制保护系统，但纯光学式直流电流互感器的电流测量本体是采用光纤测量方法，利用法拉第光电效应原理，通过测量高频光波在电场中的速度差来反映直流电流模拟量的变化情况。

（三）电磁式直流电流互感器

直流输电中采用的电磁式直流电流互感器通常为零磁通式直流电流互感器，其主要组成为饱和电抗器、辅助交流电源、整流电路和负荷电阻等。当主回路直流电流变化时，将在负荷电阻上得到与一次电流成比例的二次直流信号。电磁型直流电流互感器的主要性能参数测量精度一般为 0.2% ~ 1.5%，响应时间为 50 ~ 100μs；一次电流小于

10% 的额定值时不正确响应为 0.5% ~3% 。

零磁通式直流电流互感器的主要优点是准确度较高，可以很容易达到 0.2 级甚至 0.1 级。户外部分为纯电阻结构，可靠性相对较高。缺点就是绝缘水平较低，一般只用于中性线上直流电流的测量。图 4 – 13 所示的是特高压向上线中所采用的电磁式直流电流互感器。

**图 4 – 13　±800kV 向上线特高压直流电流互感器（电磁式直流电流互感器）**

# 第三节　直流特高压电流互感器误差测量系统

## 一、测量系统构成

国家计量检定规程 JJG 1157—2018《直流电流互感器检定规程》对直流电流互感器的计量性能要求如下：

1. **基本误差**

直流电流互感器的基本误差见式（4 – 9）

$$\varepsilon = \frac{I_M - I_R}{I_R} \times 100\% \qquad (4-9)$$

式中　$\varepsilon$——基本误差；

$I_M$——施加 $I_R$ 时，被检直流电流互感器的一次直流电流测量值；

$I_R$——实际一次直流电流值。

**2. 准确度等级**

直流电流互感器的准确度等级分为：0.1级、0.2级、0.5级、1级。

在设备技术要求规定的环境条件下，各准确度等级的实际误差曲线不应超过表4-1所列误差限连线所形成的折现范围。

表4-1 准确度等级与误差限

| 准确度等级 | 各电流百分数下的误差限（%） | | | |
| --- | --- | --- | --- | --- |
| | 5% | 20% | 100% | 110% |
| 0.1级 | ±0.4 | ±0.2 | ±0.1 | ±0.1 |
| 0.2级 | ±0.75 | ±0.35 | ±0.2 | ±0.2 |
| 0.5级 | ±1.5 | ±0.75 | ±0.5 | ±0.5 |
| 1级 | ±3.0 | ±1.5 | ±1.0 | ±1.0 |

**3. 误差测量系统要求**

对直流电流互感器进行上述误差校验时，应按被检直流电流互感器的准确度级别以及规程的要求，选择合适的误差测量系统。直流电流互感器误差测量系统由电源装置、标准装置和测量装置组成。

规程对误差测量系统的要求如下：

（1）电源装置。直流电流互感器校验用电源装置为直流电源，校验中使用的直流电源应满足以下要求：

1）直流电源的纹波系数应小于1%；

2）由直流电源稳定性引起的误差应小于被检直流电流互感器允许误差的1/10；

3）检定中使用的直流电流源的电流调节装置应能保证输出电流由接近零值平稳的上升至被检直流电流互感器额定电流的110%。

（2）标准装置。直流电流互感器校验用标准装置为标准直流电流互感器，校验中使用的标准直流电流互感器准确度等级应至少比被检互感器高两个等级，在检定环境条件下的实际误差不大于被检互感器误差限值的1/5。

（3）测量装置。直流电流互感器校验时使用的误差测量装置应满足以下要求：

1）示值分辨力应不低于被检直流电流互感器误差限值的1/20；

2）由测量装置引入的测量误差，应不大于被检直流电流互感器误差限值的1/10；

3）测量装置在每个检定点下进行连续10次测量，各检定点的基本误差为10次测量结果的平均值。

**4. 基本误差试验方法**

选择好合适的测量系统后还需按规程规定的试验方法试验，要求如下：

基本误差应在一次额定电流的5%、20%、100%和110%下进行测量，测得的误差应小于表4-1所规定的误差限。

对负极性电流有要求的直流电流互感器应检定其测量负极性电流的电流误差。

（1）数字量输出误差试验。被检直流电流互感器额定输出为数字量时，误差试验原理图如图4-14所示。误差测量装置输出时钟信号，使误差测量装置采集的标准直流电流互感器输出信号 $i_R$ 与被检直流电流互感器输出数字帧 $i_{M(n)}$ 保持同步，并依据式（4-9）的定义计算基本误差。

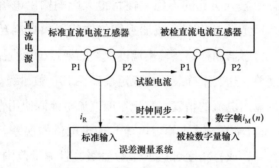

图4-14　数字量输出时的误差试验原理图

P1—标准或被检直流电流互感器一次端子的正极性标识；P2—标准或被检直流电流互感器一次端子的负极性标识

（2）模拟量输出误差试验。被检直流电流互感器的输出为模拟量时，误差试验原理如图4-15所示。误差测量装置同步测量标准直流互感器输出信号 $i_R$ 与被检直流电流互感器输出信号 $i_M$，并依据式（4-9）的定义计算基本误差。

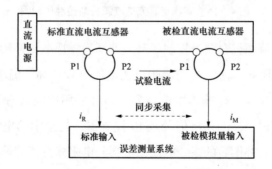

图4-15　模拟量输出时的误差试验原理图

P1—标准或被检直流电流互感器一次端子的正极性标识；P2—标准或被检直流电流互感器一次端子的负极性标识。

## 二、电源装置

直流电流互感器校验对电源的稳定性有较高要求，因此我们应选用高稳定度直流电流源。

高稳定度直流电流源首先将三相交流电经过整流滤波、高频逆变与变压再经过整流滤波最终得到所需的直流电流。

在大电流稳流技术中，影响电流稳定度的最大障碍是采样环节。普通电阻采样，至多到几十安培，电阻耗散温升引起的不稳定性将很大影响输出电流。对于更大的电流源，如几百到几万安培以上，常用到分流器、霍尔传感器和直流互感器对电流进行采样，其中分流器和霍尔传感器同样存在输出温度漂移的缺点，而直流互感器本身测量准确度不高，低端线性度差，这类采样装置的稳定性多在 $10^{-3}$ 数量级。

为了提高电流源的输出电流的精度，高稳定度直流电流源使用直流电流比较仪作为采样环节，并增加 PI 控制环节，减小给定电流与输出电流的误差。直流电流比较仪自身功耗小，温度稳定性好，取样精度可达 $10^{-4}$ 数量级，且测量范围从毫安到数千安培，实践证明其输出电流在 4000A 以下时稳定度优于 $5 \times 10^{-4}$，是一种较理想的采样方式，该控制原理如图 4 – 16 所示。

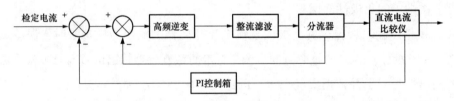

**图 4 – 16　高稳定直流电流源反馈控制原理图**

高稳定度直流电流源包含两个控制环路，外环为慢速电流补偿反馈环，内环为快速电流反馈环。由于电阻式分流器的频率响应比电流比较仪高，但精度比电流比较仪低，因此外环采用电流比较仪采样输出电流信号，内环采用电阻式分流器采样输出电流信号。外环的电流比较仪采样的输出信号经 PI 控制器，与给定的电流信号对比，得到补偿后的指令电流信号。补偿后的指令电流信号再与电阻式分流器输出的电流信号比较构成快速电流内环反馈，比较后的信号送到 PWM 调制器，产生 PWM 波，控制逆变器的输出。

## 三、标准装置

直流大电流的测量有多种，这些方法中分流器、磁通门法和磁光效应法由于其原理或制作工艺的限制，目前测量准确度难以达到 $1 \times 10^{-4}$；霍尔效应法则存在受磁场分布不均匀和器件零点及温度漂移而不稳定的缺点；以磁调制原理为基础的直流电流比较仪是一个工作在深度负反馈状态下的闭环控制系统，其测量准确度可达到 $10^{-7} \sim 10^{-6}$ 数量级，稳定可靠，适合作为标准直流电流互感器实用。

（一）工作原理

直流电流比较仪采用双铁芯结构以及方波电压激励、峰差调解的控制方式。直流比较仪的磁路部分主要由以下部件组成：

（1）两个调制检测铁芯，用具有高微分导磁率和接近方形的磁化特性的软磁材料制成，要求两只铁芯的磁特性比较一致。

（2）调制检测绕组分别绕在两只环形调制铁芯上，两绕组匝数相同，其接法要保证调制电流在两个铁芯中产生的磁通方向相反。

（3）磁屏蔽，是具有高初始磁导率的坡莫合金制成，它包在两个调制检测绕组的外面。

（4）一次和二次绕组，绕制在磁屏蔽的外面，一次绕组匝数为 1 匝，在磁屏蔽内孔中穿心而过。

直流电流比较仪的电路部分主要由以下部件组成：

（1）方波振荡器，调制检测绕组的激励电源；

（2）差解调器，将调制检测绕组检测出的有用峰差信号，转换成一个直流控制电压；

（3）反馈放大器，将解调器输出的直流电压信号进行放大，供给二次绕组，形成反馈电流，实现一二次安匝平衡。

磁调制式直流比较仪有多种调制解调方法，采用方波激励、峰差调解法，具有结构简单、灵敏度高的优点。

峰差调制解调原理如图 4－17 所示，方波振荡器把一个方波电压施加于两个反向串接的调制检测绕组上，使调制铁芯每周期两次进入适当饱和状态。这样在任一瞬间，如一个铁芯上的由方波激励形成的磁通势于一次绕组 $W_\circ$、$W_s$ 的合成磁通势相加，而在另一个铁芯上则一定是相减。桥路的输出电压 $U_{bo}$ 正比于两调制检测铁芯 $C_1$、$C_2$ 的磁通变化率之和。

当 $W_\circ$、$W_s$ 形成的合成净安匝为零时，由于铁芯的 $B-H$ 曲线具有对称的非线性关系，故磁通 $\varPhi_1$、$\varPhi_2$ 的波形是对称于时间轴的。由傅氏级数的性质可知，$\varPhi_1$、$\varPhi_2$ 的频谱中仅含有奇次谐波分量。如果铁芯 $C_1$、$C_2$ 的 $B-H$ 曲线完全一致，由于铁芯 Ⅰ、Ⅱ 是反向相接的，$\varPhi_1$、$\varPhi_2$ 大小相等、方向相反，此时桥路输出电压 $U_{bo} = \dfrac{1}{2}$

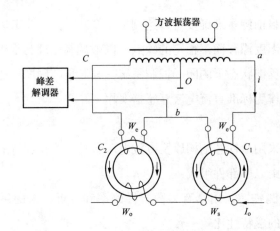

图 4 – 17　峰差调制解调原理

$W_e \left( \dfrac{\mathrm{d}\Phi_1}{\mathrm{d}t} + \dfrac{\mathrm{d}\Phi_2}{\mathrm{d}t} \right) = 0$ 两铁芯奇次谐波电压在桥路输出端相互抵消。

　　当 $W_o$、$W_s$ 形成的合成净安匝不为零时，铁芯中的磁通 $\Phi_1$、$\Phi_2$ 的波形，将不对称于时间轴。由傅氏级数的性质可知 $\Phi_1$、$\Phi_2$ 的频谱中将含有偶次谐波分量。但由于铁芯 $C_1$、$C_2$ 的反向相接，并且认为两铁芯的 $B-H$ 曲线完全一致，则此时 $U_{bo}$ 中的奇次谐波分量相互抵消，而偶次谐波分量相加。偶次谐波分量的幅值和相位随 $W_o$、$W_s$ 合成直流净安匝的大小和方向而改变。可见 $U_{bo}$ 中偶次谐波量的大小式由 $W_o$、$W_s$ 的合成磁通势的大小来决定的。也就是说当比较仪的一次安匝 $I_o W_o$ 和二次安匝 $I_s W_s$ 不平衡时，$U_{bo}$ 中就有偶次谐波电压的产生。将这个电压通过峰差解调器变换成相应大小和方向的直流电压去控制跟踪放大器的输出电流 $I_s$ 的大小和方向，使 $I_o W_o$ 和 $I_s W_s$ 的安匝达到平衡。

　　如果整个系统的控制增益相当大时，即可使 $I_o W_o = I_s W_s$，达到精确的安匝平衡，这就是以磁调制作为自动检零的直流电流比较仪的基本原理。该系统的开环增益 G，由下式组成

$$G = h_1 h_2 \frac{1}{r_2} W_s \tag{4 – 10}$$

　　其中
$$h_1 = k W_e A \mu_0 f \frac{1}{l} \tag{4 – 11}$$

式中　$k$——取决于激励条件和方式，解调器的参数的比例系数；

　　$h_2$——随动跟踪放大器的电压增益；

　　$r_2$——二次绕组的导线电阻，$\Omega$；

　　$W_s$——二次绕组的匝数；

　　$h_1$——解调输出的直流电压与输入直流合成净安匝的比值，称为磁调制器的灵敏

度或变换电阻，$\Omega$，它正比于调制铁芯的匝数 $W_e$，净截面 A，微分磁导率 $\mu_0$，激励频率 $f$，反比于铁芯的平均周长 $l$。

与任何自控系统一样，在满足系统稳定的条件下，开环增益应做到尽量的大。

（二）误差分析

直流电流比较仪的误差从原理上分析主要有以下几个方面构成：

首先，作为一个工作在深度负反馈下的有差闭环系统，直流比较仪存在系统静差，其大小取决于系统的开环增益，即由调制器的灵敏度 $k_1$、反馈系统放大倍数 $k_2$ 及线圈匝数 $W_o$、$W_s$ 和二次线圈的电阻 R 决定，对于一次穿心一匝的比较仪，系统静差 $\varepsilon_0 = \dfrac{R_2}{k_1\,k_2\,W_s}$。

其次，在磁调制器式电流比较仪中安匝数平衡条件是利用磁芯材料的非线性特性完成的。当安匝数平衡条件得到满足时，检测线圈的磁芯中的磁通会出现直流分量，检测线圈及其相应的电子线路就根据是否存在直流磁通分量来判断安匝数平衡条件是不是得到了满足。但是最好的磁性材料也会有磁滞特性，使得安匝数平衡条件的判断不能十分完善，从而造成了一定的电流比例误差。同时，高磁导率的磁性材料磁状态的变化伴随着磁畴方向的改变产生特殊的磁噪声，即帕克浩生效应，使监测灵敏度受到限制。

再次，直流比较仪存在零位误差，其来源主要是电子器件的零点偏移、铁芯材料特性曲线的不对称及交流激励波形的不对称。

最后，比较仪还存在由外部磁场干扰和内部磁场分布不均匀及漏磁造成的磁性误差，在比较仪原理中，我们假定了检测线圈中的磁通同时完全耦合了二次两个线圈，但在实际结构中很难做到这一点，总会有一部分磁通的耦合是不完全的。这样的部分磁通就是通常所说的漏磁通。漏磁通的存在使得安匝数平衡条件不能严格成立，因而造成了电流比例的误差。

实际对直流比较仪进行校准时，我们可以通过补偿调零的手段去除零位误差，所以校准的主要任务是客观地反映比较仪的系统静差和磁性误差。

（三）现场用直流互感器标准装置

现场 0.2 级的直流电流互感器要求标准器的准确度至少达到 0.05 级。使用上述原理研制了 5kA 直流电流比较仪作为现场误差测量中标准器。

现场用 5kA 直流电流比较仪以国家高电压计量站 2007 年建立的 10kA 直流电流比例标准器为标准进行检定，10kA 直流比例标准器的不确定度为 $1 \times 10^{-6}$，校准结果见表 4-2。

表4-2　校准结果

| 量限 | 额定百分数 | 比值差（×10⁻⁶） | 标称级别 |
|---|---|---|---|
| 5000/5 | 10 | +1 | 0.002 |
|  | 20 | +1 |  |
|  | 40 | 0 |  |
|  | 60 | 0 |  |
|  | 80 | 0 |  |
|  | 100 | +1 |  |
|  | 120 | +1 |  |

现场用5kA直流电流比较仪的准确度等级达到 $2 \times 10^{-6}$。在实际试验中，该直流比较仪要外接负荷电阻，使得比较仪可以输出电压。试验中采用的负荷电阻为0.01级高精度电阻，因此直流电流互感器标准装置的整体准确度优于0.02%。

**四、测量装置**

直流电流互感器校验用测量装置为直流互感器校验仪，详细介绍见第三章第三节的第四部分测量装置。

# 第四节　直流特高压电流互感器典型案例分析

**一、场站结构及参数简介**

某±800kV特高压直流输电工程是双极直流输电系统，额定容量7200MW，额定电压±800kV，额定电流4000A，换流容量为6400MW。

某换流站为送端系统，负责将交流电转换为直流电。某站拥有 X 只光纤式直流电流测量装置，X 只零磁通式直流电流测量装置，该站电气主接线图（部分）如图4-18所示，该站直流电流互感参数见表4-3。

表4-3　直流电流互感参数表

| 项目 | 极母线 | 中性线 | 两组换流器之间 |
|---|---|---|---|
| 结构形式 | 光纤式直流电流互感器 | 零磁通式直流电流互感器 | 光纤式直流电流互感器 |
| 电压等级 | ±500kV | ±500kV | ±500kV |
| 额定电流 | 4000A | 4000A | 4000A |
| 准确度等级 | 0.2级 | 0.2级 | 0.2级 |

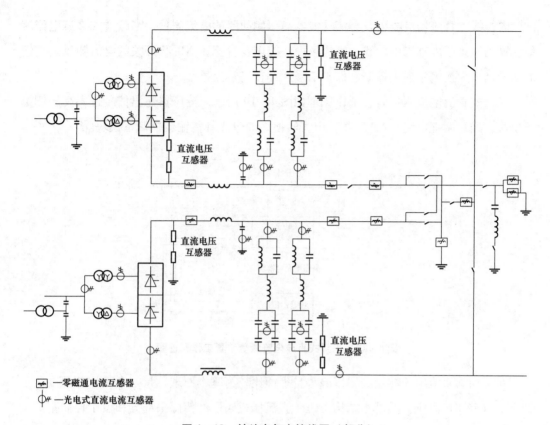

—零磁通电流互感器

—光电式直流电流互感器

**图 4 – 18　某站电气主接线图（部分）**

## 二、试验方案

1. 范围

本方案适用于直流输电系统中在换流站的阀厅内、直流场极线、中性线以及滤波器的直流电流测量装置的首次校准、后续校准和使用中检验。

2. 引用文献

JJF 1001—2011《通用计量术语及定义》

JJF 1002—2010《国家计量校准规程编写规则》

GB/T 20840.8—2007《电子式电流互感器》

《±800kV 直流输电工程采购规范 – 光纤式直流电流测量装置》

《±800kV 直流输电工程采购规范 – 零磁通式直流电流测量装置》

DL/T 1788—2017《高压直流互感器现场校验规范》

使用本方案时应注意使用上述引用文献的现行有效版本。

3. 概述

直流电流测量装置分为光纤式和零磁通式两种。光纤式直流电流测量装置用于直流阀厅内极线、直流场极线以及直流滤波器高压侧回路的电流测量，零磁通式直流电流测量装置用于阀厅内直流中性线、直流场中性线以及直流场 NBGS 开关的电流测量。它们的测量结果为换流站提供控制和保护信号，并在终端上显示。

光纤式直流电流测量装置工作原理如图 4－19 所示。分压器输出信号进入高压侧电子模块，经过调理电路、AD 转换、电光转换，通过光纤传输至控制室模块。

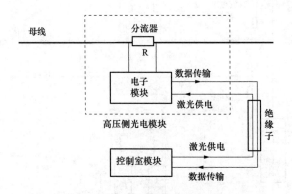

图 4－19　光纤式直流电流测量装置工作原理图

零磁通式直流电流测量装置以磁势自平衡比较为基本原理，是一个工作在深度负反馈下的有差闭环系统。其基本结构由位于直流场或阀厅的传感头部分和位于控制室的调制与反馈控制部分组成。通过磁调制器与电子反馈构成的闭环系统将一次电流转化为成比例的二次电流。其工作原理如图 4－20 所示。

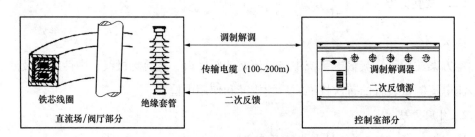

图 4－20　零磁通式直流电流测量装置工作原理图

4. 计量性能要求

（1）基本误差和准确度等级。

1）基本误差。直流电流互感器的基本误差表达式为式（4－12）

$$\gamma = \frac{I_2 - I_1}{I_1} \times 100\% \tag{4-12}$$

式中　$\gamma$ ——被试直流电流互感器基本误差；

　　　$I_1$ ——被试直流电流互感器的一次实际电流；

$I_2$ ——被试直流电流互感器的二次示值电流。

（2）准确度等级。光纤式直流电流测量装置的准确度等级为 0.5，零磁通式直流电流测量装置的准确度等级为 0.2。

（3）变差。直流电流测量装置上升到额定电流后，再下降到测量范围内任何点，其上升值和下降值之间的误差变化应不大于与其准确度等级对应的误差限值的 1/2。

5. 通用技术要求

（1）直流电流测量装置外观应完好，零磁通式直流电流测量装置应有专用的接地端钮，且有明显的接地标识。

（2）直流电流测量装置铭牌上应明确标明：产品名称、型号、制造厂名、出厂日期、出厂编号、准确度等级、额定电流、额定电压等信息。高压侧一次电流输入端钮应有明显的标志。

6. 计量器具控制

计量器具控制包括：首次校准、后续校准和使用中检验。

（1）校准条件。

1）标准器。标准测量系统的总不确定度应优于被试分压器允许误差的 1/3，标准器应满足以下要求：

a. 校准中使用的标准直流电流比较仪的准确度等级应不低于表 4－4 的规定。

表 4－4　标准直流电流比较仪的要求

| 被试直流电流互感器准确度等级（级） | 0.2 | 0.5 |
| --- | --- | --- |
| 标准直流电流比较仪准确度等级（级） | 0.05 | 0.1 |

b. 标准电阻作为直流电流比较仪的负荷，将二次输出的电流转换为电压输出，准确度等级不低于 0.05 级。

c. 数字电压表的直流准确度等级应不低于 0.01 级。

2）辅助设备。直流电流源的技术条件应满足以下要求：

a. 由直流电流源稳定性引起的误差应小于被试直流电流互感器允许误差的 $\dfrac{1}{10}$。

b. 校准中使用的直流电流源的电流调节装置应能保证输出电流由接近零值稳定的上升至被试直流电流互感器的额定电流。

3）环境条件。

a. 校准时的环境温度和相对湿度应满足表 4－5 的要求。

表 4 – 5　环境温度和相对湿度的要求

| 被试直流电流测量装置准确度等级（级） | 0.2 |
|---|---|
| 环境温度（℃） | –25～40 |
| 相对湿度（%） | 35～90 |

b. 由外界电磁场影响而引起的误差，应小于被试直流电流测量装置允许误差的 $\frac{1}{10}$。

（2）校准项目。直流电流测量装置的校准项目按表 4 – 6 中的规定进行。

表 4 – 6　校准项目

| 校准项目 | 首次校准 | 后续校准 | 使用中检验 |
|---|---|---|---|
| 外观 | + | + | + |
| 基本误差 | + | + | + |
| 变差 | + | + | – |

注　表中"+"表示必须检，"–"表示不检

（3）校准方法。

1）被试直流电流测量装置应在表 4 – 5 规定的环境条件下存放不少于 24h。

2）外观检查。对新生产的直流电流测量装置，应符合"5. 通用技术要求"规定的要求。对使用中和修理后的直流电流测量装置，允许有不影响计量性能和安全性能的外观缺陷。

3）基本误差校准。基本误差的校准采用电流比法。在保证不超过校准允许的总不确定度条件下，允许采用其他的校准方法。

a. 电流比法。

a）采用电流比法校准直流电流测量装置时，其原理线路图如图 4 – 21 所示；

b）校准前，应对使用的数字电压表清零，以消除数字电压表偏置电流的影响；

c）当加在被试直流电流测量装置的直流电流为校准点电流时，用数字电压表测量标准器的输出电压 $U_s$；

d）被试直流电流测量装置的一次实际直流电流按式（4 – 13）计算

$$I_1 = U_s \times K_0 \tag{4 – 13}$$

式中　$I_1$——被试直流电流测量装置的一次实际电流；

$U_s$——标准直流电流比较仪的输出电压；

$K_0$——标准直流电流比较仪的变比。

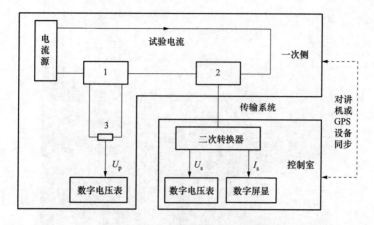

**图 4 – 21 采用电流比法校准直流电流测量装置的原理图**

1—标准直流电流比较仪；2—被试直流电流测量装置；3—标准电阻；$U_s$—数字电压表的显示值；

$I_s$—被试直流电流测量装置的显示值；$U_p$—标准直流电阻仪的标准输出值

b. 校准直流电流测量装置的校准点为被试直流电流测量装置额定电流的 10%、20%、50%、80%、100% 的 5 个点。如果被试直流电流测量装置的技术条件还规定了其他工作电流范围，则还应增加相应的校准点。

7. 现场试验步骤

（1）接线方式。

光电式电流互感器现场试验接线图如图 4 – 22 所示，零磁通式电流互感器现场试验接线图如图 4 – 23 所示。

（2）操作步骤。

1）拆除图 4 – 22、图 4 – 23 所示部分回路引线；

2）接试验用软导线；

3）进行校准试验操作；

4）恢复回路引线。

（3）作业配合要求。

1）5t 吊车一辆；

2）高空作业车一辆。

8. 安全工作要求

（1）为保证工作人员在现场检测工作中的安全，现场检测必须严格执行《电力安全工作规程》并做好下列措施：

1）拟定现场试验方案；

2）开工前，现场工作负责人应在工作地点，核实方案的各项内容；

3）对被测设备一、二次回路进行检查核对，确认无误后方可工作；

图 4 – 22  光电式电流互感器现场试验接线图

图 4 – 23  零磁通式电流互感器现场试验接线图

4）现场负责人应指定一名有工作经验的人员担任安全负责人，负责检查全过程的安全性，一旦发现不安全因数，应立即通知暂停工作，并向现场工作负责人报告；

5）必须组织并协调好一次高空拆线与接线的指挥，负责安全工作；

6）组织并协调好二次设备部分的配合工作。

（2）工作中的主要危险点及控制措施见表 4 – 7。

表 4 – 7  主要危险点及控制措施

| 序号 | 危险点 | 控制措施 |
|---|---|---|
| 1 | 电流互感器的一次拆线与接线 | 作业前，必须再次勘察现场。确保电流互感器一次部分在拆、接线中的安全，实施过程中做好相应的安全组织工作 |
| 2 | 试验大电源的接入 | 接电源时，应在现场专业技术人员监护下接线，且电源开关盒的开关须在全部接线完成并检查无误后由工作负责人指挥专人合闸。注意电源容量是否符合试验要求 |

续表

| 序号 | 危险点 | 控制措施 |
|---|---|---|
| 3 | 人身触电 | 作业人员必须明确当日工作任务、现场安全措施、停电范围；现场的工具、长大物件必须与带电设备保持足够的安全距离并设专人监护；现场要使用专用电源，不得使用绝缘老化的电线，控制开关要完好，熔丝的规格应合适 |
| 4 | 使用梯子不当造成摔伤 | 梯子必须放置稳固，由专人扶持或专梯专用，将梯子与器身等固定物牢固地捆绑在一起；上下梯子和设备时须清理鞋底油污 |
| 5 | 高空坠落 | 高空作业必须系好安全带，安全带的长度及系的位置必须合适；严禁将工具等物品上下抛掷，传递任何物品必须使用绝缘传递绳 |